木野 日織　ダム ヒョウ チ

Orange

Data Mining
ではじめる

Materials Informatics

マテリアルズ
インフォマティクス

近代科学社

はじめに

本書の内容

　アメリカでマテリアルズ・ゲノム・イニシアチブプロジェクトにより自動計算手法，表示，及びデータ取得 API などが整備され第一原理計算の膨大な結晶データベースがまとめられた．しかし，周期構造がある物質形態だけを考えても，表面，界面，合金などが存在し，第一原理計算できる結晶は物質全体を考えればごく一部である．人間にとっては膨大な計算を行っても物質が取りうる形態の計算が終わることは決して無いだろう．実験でも同様に，合成され物性値を測定された物質は物質空間ではごくわずかであり，未知物質空間にはまだ人類が知りえない有用な物質が存在することが期待されている．

　マテリアルズインフォマティクスは物質科学においてデータから知識を抽出する科学である．上の例に即して説明すると，物性量を計算もしくは実験で観測した物質の既知データから，物性量の予測モデルを学習し，そのモデルを未知物質に適用する問題である．そして未知物質から有用な物性値を持つ物質を探すことを目的とする．

　前パラグラフで説明したことを実行するにはデータから効率よく知識を抽出できる一連の処理手続き，科学的ワークフロー[1] の設計が重要である．その科学的ワークフローを行う具体的な実践手法としては，R や近年は Python の計算機言語による手続き記述がよく用いられる．しかし，計算機言語を用いるにはまず計算機言語を習得せねばならない．従って，機械学習手法を用いたデータ解析を実践するには計算機言語をまず学ばねばならないことになる．それでは敷居が高く諦めてしまう人もいるだろう．一方，これらの計算機言語を用いずに GUI を用いて科学的ワークフローの設計を行えるスタンドアロンソフト[2] があり，Orange Data Mining[3] はそのうちの一つである．

　Orange の他にも GUI を用いて科学的ワークフローの設計を行う為の商用の優れたソフトが存在するが Orange は無料であることも大きな利点である．

[1] もしくは科学ワークフロー．

[2] データ漏洩を心配する方には PC 内で計算を行うスタンドアロンソフトなら安心だろう．

[3] 以下，Orange と呼ぶ．

また，近年は計算機理論計算においても自動計算の必要から科学的ワークフローの重要性が高まっており，科学的ワークフローに慣れるための手段としても役に立つだろう．

本書の説明方針と想定している読者

本書の内容は，国立研究開発法人科学技術振興機構 (JST) イノベーションハブ構築支援事業である情報統合型物質・材料開発イニシアティブ (MI^2I) での初級チュートリアルセミナーをベースにしている．本書は習うより慣れろという方針で作成しており，機械学習手法をなるべく数式を用いずに説明し，主として無機物質科学の小規模データを題材として機械学習[4] を用いたデータマイニング[5] の初歩を紹介する[6]．理論の詳細な説明より，なるべく多くの例を掲載し何ができるのかを体験することを目的とする．

本書が主として想定している読者は，無機物質科学[7] の知識はあるが機械学習手法を学んだことの無い人である．更に，題材は単なる表形式の観測データと割り切って読んでいただければ，科学を専門にしておらず，また，理系は苦手なだが，自身は業務や趣味で観測データを持っておりデータ駆動型 AI による解析・予測を行いたいという**市民データ科学者**になりたい方も読者対象になると思う．もし，本書により，自分が実行できそうだ・使えそうだ・興味を持てそうだと思ったら，さらに機械学習手法を深く詳しく学び，高度な分析能力を身につけて欲しい．同じデータからより有益な情報を取り出せるかどうかは解析者次第である．本書がデータ解析学に使われる機械学習手法についての簡単な知識を獲得するための一助となるだけでなく，また，GUI 操作により機械学習手法のアルゴリズムそのものを容易に適用できるようになることにより，21 世紀の日本人が総市民データ科学者になれば幸いである．

[4] 人間のように学習するコンピュータシステムを作ること．
[5]（大きな）データから新しく有用な知識を抽出・見つけること．
[6] 機械学習をデータマイニングと同義とすることもある．
[7] 主として結晶性無機物質を扱う．

謝辞

MI^2I の寺倉清之氏，伊藤聡氏，木原尚子氏，真鍋明氏，河西純一氏，石井真史氏，そして，本資料をまとめるにあたりご協力いただいたアスムス（株）宇佐見護氏に感謝する．

2021 年 3 月　木野 日織・ダム ヒョウ チ

目　次

1 Orange Data Mining とは

　マテリアルズインフォマティクスは物質科学においてデータから知識を抽出する科学である．はじめに，と重複するが，例えば，計算もしくは実験した物質の物性量の観測データ[8]　から，物性量の予測モデルをつくり，そのモデルを未知データに適用し，良い物性値を持つ物質を探す，という問題を行う．

　そのためにはデータから効率よく知識を抽出できる科学的ワークフロー[9]の設計が重要である．近年は R や Python などのプログラミング言語による科学的ワークフローの手続き記述がよく用いられる．しかし，プログラミング言語を用いるにはまずプログラミング言語を習得せねばならない．従って，機械学習手法を用いたデータマイニングを実践するにはプログラミング言語をまず学ばねばならないことになる．それでは敷居が高いだろう．

　プログラミングの学習過程では，まず科学的ワークフローを学び，次に科学的ワークフローを実現する具体的なコーディングをプログラミング言語を用いて行う．しかし，プログラミング言語より抽象度が高い科学的ワークフローの段階で機械学習手法の体験ができれば事は足りる．データを用いた機械学習手法ではデータ読み込み，データ変換，予測，性能評価，可視化などの手続きを行う多くの部品は標準化されているため，解析を行う際にはそれら部品を繋げれば良い．特定のプログラミング言語に依存したコードを読む・書くより，各部品をどう使うのかをデザインする方が重要であり，特に初心者は，プログラミング言語よりも抽象性が高い科学的ワークフローで手法そのものをまず体験した方が良い．

　Orange Data Mining[10] はプログラミング言語を用いない機械学習ツールであり，プログラミング言語がわからなくても GUI により科学的ワークフローを作成し，機械学習手法を実践することができる．また，Orange は対話的な GUI 操作を得意としており探索的データ解析[11] を行う際にも最適なソフトである．そのため，Python が分かる解析者にとっても有用なソフトであると思う．近年は，人間参加型[12] 機械学習という言葉も出てきており，特に

全く新しいデータに出会った解析の初期には可視化によりデータを知ること
がその後の解析にも非常に役に立つと言われている.

Orange はスロベニアのリュブリャナ大学を中心に 1996 年以来改良がおこ
なわれているオープンソースのデータマイニングツールである[13]. Orange
は Anaconda Navigator からも参照可能であり存在を知っている方も多いと
思う. しかし,残念ながら利用方法や機能についての日本語説明がないため
使わない方がほとんどであろう. Orange には様々な部品(ウィジェット)が
揃っており,優れた可視化機能に特長を持つ強力な機械学習ツールである. 自
分が得意とするソフトで別途データ加工を行い Orange と併用すればかなり
高度なことができるはずである.

内部での実行コードは Python で書かれており Scipy, scikit-learn の機能
を見かけ上そのまま GUI で実現可能としている. Orange を通して Scipy,
scikit-learn の機能を知り, Python を用いた機械学習手法を用いたデータマ
イニングへのステップアップソフトとしても有用であろう. プログラミング
言語を知らなくても,また,機械学習手法を知らなくても,本書に沿って具
体例を試しながら実行することで,機械学習手法で何ができるのかを実習で
学んで欲しい.

13) 本書を書いているう
ちに GUI が一部変化し
てしまい,図を撮り直し
ているほど頻繁に機能追
加や改良が行われている.

1.1 Orange のインストール

14) https://orange.
biolab.si/download/

Orange のホームページ[14] からダウンロード方法を参照できる. Windows
の場合は,

15) Orange3-3.XX.X-
Miniconda-x86_64.exe
(64bit)
16) Orange3-3.XX.X.zip

- Standalone installer (default)[15] や Portable Orange[16] を用いるのがダウ
ンロードサイズが小さく, Orange の実行も Windwos メニューから選択す
るか, Orange アイコンをダブルクリックするだけなので簡単である.
- また, Anaconda などの Python 環境をインストールした後に, Orange の
ホームページの指示に従い Orange 追加パッケージをインストールし, Win-
dows メニューから Anaconda prompt などを実行し,

```
> python -m Orange.canvas
```

として Orange を動かすこともできる.

1.2 サンプルスクリプトとデータファイル

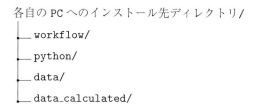

各自のPCへのインストール先ディレクトリ/
```
├── workflow/
├── python/
├── data/
└── data_calculated/
```

図 1.1 教材ファイル構成

本書は bitbucket レポジトリ (`https://bitbucket.org/kino_h/orangetu torial_book2021/src/master/`) より取得できるファイル一式をダウンロードし、各自のPCにファイルを展開することを想定して書かれている[17]。

レポジトリ上のファイルを各自のPCに展開すると図 1.1 のディレクトリが存在する。それぞれ以下のファイルが含まれている。

- workflow ディレクトリ：Orange ワークフローファイル（拡張子 ows）が含まれる。
- python ディレクトリ：Orange で不足している機能を実現する Python スクリプト（拡張子 py）が含まれる。
- data ディレクトリ：本書で使用する CSV 形式のデータ（拡張子 csv）が含まれる。
- data_calculated ディレクトリ：ダウンロード直後は空のディレクトリである。7章で説明・生成するデータファイルを保存することを想定している。

本書で現れるファイルは上のディレクトリを含む形で `workflow/Ch3_1_data_ plot.ows` などと表示されるので、ファイルは該当するディレクトリから見つけることができる。本書で例示したワークフローは全てレポジトリに含まれている。ワークフローは、本書に従って Orange 上で新規に作成し、体験できるように書いたつもりであるが、読者が自分でワークフローを作ったが動作しない・正しく作成したのか確信が持てない場合は上のディレクトリからワークフローファイルを開いて比較、動作確認をして欲しい。

本書の結果及び図は Orange バージョン 3.26.0 から取得している[18]。乱数

17) これらは Orange が例として用意しているワークフローとデータではない。

18) 一ヶ月でマイナーバージョンが変わるほど頻繁にアップアップデートが行われている。本書脱稿時の Windows 版 3.27.1 でも動作確認を行った。

依存する部品もあるので，同じワークフローでも読者が作成したワークフローとレポジトリに保存されたワークフロー，そして実行するごとに答えが異なる場合もあることをあらかじめご理解いただきたい．

　本書の構成は本文と演習問題に分かれているが，演習問題には本文に書かれていない Orange の使用法及び，機械学習手法と問題点などについても説明している．そのため，演習問題として解く時間が無い方は本文と同様に，単に問題とその回答を読むだけでも Orange の操作法及び，機械学習手法の知識が深まることと思う．

2 機械学習の基礎概念

　本章では Orange の操作の前提となっている機械学習の基礎概念を簡潔に解説する．初めて機械学習に接する方にとっては少し難解かもしれない．実際に Orange を操作しつつ段階的に学習・理解していくことをお勧めする．また機械学習に関する様々なレベルの解説書が存在するので，それらも活用しつつ理解を深めていただきたい．

2.1 簡単な例における予測モデルの構築

2.1.1 事前に支配法則が分かっている世界での予測

　法則[19] がある世界では方程式を作成できる．例えば，高校生で習った地球上の物体落下問題を考える[20]．重力定数を g，速度を v，質量を m，物体の摩擦係数を k と置き，下向きを正の方向とすると，v の時間変化の方程式は

$$m\frac{dv}{dt} = mg - kv \tag{2.1}$$

により記述できる．$v(t=0)=0$ を境界条件[21] とするとこの解析解は

$$v = \frac{mg}{k}\left(1 - \exp\left(-\frac{k}{m}t\right)\right) \tag{2.2}$$

である．難しい方程式の場合は式 (2.2) のように解析解を得ることはできないかもしれないが，計算機により方程式の解を求めることができるだろう．

　もし，世界を支配する方程式を知っていれば，計算機の中でつくる仮想世界が，現実と寸分も違わない未来の v を **"予測"** することができるわけである．このように，法則から結論を導き出すことを演繹的アプローチと呼ぶ．

19) 原理と置き換えても良い．
20) 微分方程式を解くのはここだけであるので安心してほしい．
21) 初期値．

v	m	k	t
v_1^{obs}	m_1^{obs}	k_1^{obs}	t_1^{obs}
v_2^{obs}	m_2^{obs}	k_2^{obs}	t_2^{obs}
$\vdots$		$\vdots$	
v_N^{obs}	m_N^{obs}	k_N^{obs}	t_N^{obs}

図 **2.1**　目的変数 (v) と説明変数 (m, k, t) を与える表

2.1.2　事前に支配法則が分かっていない世界での予測

一方，事前に支配する法則が分かっていない世界では，"予測"ができるだろうか．物体落下問題に戻り，簡単の為，m, k が同じとし，v の変化のみを考える．v は t のみの関数であるから，まず，0秒から9秒まで1秒刻みで速度の観測実験を行い，

$$v_1^{\mathrm{obs}} = 0$$
$$v_2^{\mathrm{obs}} = 1.0 \text{ 秒後の } v$$
$$v_3^{\mathrm{obs}} = 2.0 \text{ 秒後の } v$$
$$\vdots$$
$$v_{10}^{\mathrm{obs}} = 9.0 \text{ 秒後の } v$$

22) 計算データでも観測データと呼ぶことにする.
23) この過程を学習と呼ぶ.

という観測データ[22]を生成する．次に，これらの（既知）観測データによく合う関数 f を作成する[23]．すると，上の時間には無い，例えば，1.5秒後の v，8.2秒後の v の**予測**ができると期待したい．

上述では，m, k を固定し，v に対して t を一秒刻みで変化させたが，同じ形状の物質の時間発展だけでなく，鉄，木材，プラスチックなど異なる素材の v の予測も行いたい場合は，様々な m, k, t に対して，

$$v_1^{\mathrm{obs}} = (m_1^{\mathrm{obs}}, k_1^{\mathrm{obs}}, t_1^{\mathrm{obs}}) \text{ での } v$$
$$v_2^{\mathrm{obs}} = (m_2^{\mathrm{obs}}, k_2^{\mathrm{obs}}, t_2^{\mathrm{obs}}) \text{ での } v$$
$$\vdots$$
$$v_N^{\mathrm{obs}} = (m_N^{\mathrm{obs}}, k_N^{\mathrm{obs}}, t_N^{\mathrm{obs}}) \text{ での } v$$

と多数の観測データを生成することになるだろう．観測データの一点を**データインスタンス**と呼ぶ．上の例では観測データのデータインスタンス数は n

である. これらは一般に表形式で, 図 2.1 のように与えられる. ここで, v^{obs} を**目的変数**[24]と呼び, 変数 $m^{obs}, k^{obs}, t^{obs}$ を**説明変数**[25]と呼ぶ. 上の観測データでは m, k, t の三変数の関数 f をなので説明変数の数は 3 である. そして, m, k, t の三変数空間内でこれらの観測データによく合う関数 $f(m, k, t)$ を作成すると, 観測データ $m_i^{obs}, k_i^{obs}, t_i^{obs}$ 以外の m, k, t に対しても v の妥当な予測ができると期待したい.

2.1.3 データ駆動型アプローチによる予測モデルの構築

上で書いたことを再び書くと, $v_i^{obs}, m_i^{obs}, k_i^{obs}, t_i^{obs}$ から成る図 2.1 で表される観測データから $v^{obs} \sim f(m, k, t)$ となる関数 f を学習する, である. 関数 $f^{pred}(m, k, t)$ を**予測モデル**と呼び[26], このように観測データから法則を発見するアプローチを帰納的アプローチと呼び, 特に, データだけから法則を発見することをデータ駆動型アプローチ[27]とも呼ぶ. 法則もしくは, 法則のようなものを発見することができたため, 未知データ[28]の予測ができると期待したい[29].

このデータ駆動型アプローチから見出された"法則"は, 一般的には, 厳密解である式 (2.2) そのものでは無く, 多数の最適ではない近似モデル (近似解) である. しかし, これらに予測モデルの中には特定の問題では役に立つものがある. 例えば, データ駆動型 AI [30] を組み合わせた AlphaGo や自動運転技術が特に有用であることをご存知であると思う.

では, 法則, 方程式が利用できない場合にどうやって近似モデルを学習するのだろうか. これには**相関**を用いる. 具体的には, 相関が高い関数 f, つまり,

$$v_i \sim f(m_i, k_i, t_i) \tag{2.3}$$

なる関数 f を見つける. v のような連続変数の目的変数に対してこの関数 f を見つけることを**回帰**と呼ぶ. 一方, 離散変数[31]の目的変数に対してこの関数 f を見つけることを**分類**[32]と呼ぶ. これらの関数を回帰モデル, 分類モデルと呼ぶ.

さて, ここで問題がある. (既知) 観測データから, 未知データ[33]を予測するモデルを学習するが, これは式 (2.1) で表される法則に基づかない推論であり, 仮説にすぎない. そのため, モデルの定量的な回帰・分類性能評価指標によりモデルの妥当性を評価する必要がある. 次節以降で, データ駆動型アプローチによる予測モデルの構築のための機械学習手法と予測モデルの

24) もしくは, ラベルとも言う.

25) もしくは, 特徴量, 記述子とも言う.

26) 連続変数に対する予測を先に説明したが, 機械学習では離散値に対する予測の方がより広く行われる.

27) 帰納的アプローチには, 例えば, 仮説駆動型アプローチもある.

28) 厳密には (既知) 観測データと未知 (観測) データが対比する.

29) この時点では予測がどの程度妥当なのかは分からない.

30) AI にはデータ駆動型の他に知識駆動型 AI などが存在する.

31) 離散変数の中には順序づけに意味のあるものと順序づけに意味のないものがある. 実用では順序づけに意味のある離散的目的変数の場合, 回帰がよく適用されているが, 簡単のため本書ではそこまで細かく区分しないことにする.

32) classification のことを指す.

33) 未知のデータのなかには観測された部分 (説明変数の値) と, 観測されていない部分 (目的変数の値) がある場合と, 双方観測されていない場合もある.

表 2.1　目的により分類した機械学習手法

● 目的（問題）：予測（予測問題）

　1). 目的変数がある問題：教師あり学習

　　・連続値目的変数に対する手法

　　1a). 回帰：連続値の予測モデルを学習する．

　　・離散値目的変数に対する手法

　　1b). 分類：離散値の予測モデルを学習する．目的変数と関連付けて説明変数空間を分割する．

● 目的（問題）：説明変数から法則性を見つける（記述問題）

　2). 目的変数が無い問題：教師なし学習

　　・連続値説明変数に対する手法

　　2a). 次元圧縮：説明変数が持つ情報をより少ない次元に圧縮（集約）する．
　　2b). クラスタリング：説明変数空間を分割する．
　　　　　...

　　・離散値説明変数に対する手法

　　＊データ集約：グラフなどによりデータの関係性をまとめる．
　　＊頻出パターンマイニング：頻出する説明変数を取り出す．
　　　　...

妥当性の評価手法を具体的に説明する．

2.2　機械学習手法の紹介

2.2.1　機械学習手法の目的による分類

　本節では機械学習手法を目的変数のありなし，目的変数，説明変数がそれぞれ連続値，離散値であるかにより分類する[34]．これらを表 2.1 にまとめた．この表の番号に即して説明を行う．

1). 機械学習手法の目的の一つは予測を行うことである．これは予測問題とも呼ばれる．予測問題なので目的変数がある問題になり，教師あり学習とも呼ばれる．予測問題を達成する手法は回帰や分類である．

[34] 本書では特に説明変数が連続変数である場合の手法の説明を行う．

2). 機械学習手法もう一つの目的は説明変数[35]から法則性を見つけることである。これは記述問題と呼ばれる。目的変数が無い問題設定であり、教師なし学習と呼ぶ。記述問題を達成する手法中には、次元圧縮やクラスタリング[36]がある[37]。

1a). 回帰では説明変数 $\vec{x}$ を用いて連続値の目的変数 y 表す式 $y = f(\vec{x})$ を求めることである。線形回帰 (Linear Regression) が主な回帰手法の一つである。一方、1b). 分類では $y = f(\vec{x})$ を求めることは同じであるが、離散値の y を対象にする。分類は y を参照して $\vec{x}$ の空間を分割すると言い換えても良いだろう。ロジスティック回帰 (Logistic regression) [38] や SVM(Support Vector Machine) が代表的な手法である。線形回帰、ロジスティク回帰、SVM は説明変数を連続値とする手法である。しかし、説明変数が離散値である場合はダミー変数により連続変数とみなす手法や、逆に説明変数が連続値である場合に決定木回帰・分類手法などでは条件式の形で離散値に変換する手法がある。

2a). 次元圧縮[39] には、主成分分析 (Principal Component Analysis; PCA)[40] や多様体学習がある。次元圧縮は、例えば、可視化のためには 2, 3 次元に特徴量を変換することが多いが、一方、例えば、物性値が高い物質の説明変数から同じ規則を持つ物質をあぶり出すことも広く行われる。

2b). クラスタリングは $\vec{x}$ の空間を分割する[41]。分割された部分集合をクラスタと呼ぶ。k-Means 法に代表される分割されたクラスターが独立な手法と、階層クラスタリング (Hierarchical clustering) に代表されるクラスター間に系統的な関係がある手法がある。分類とクラスタリングは、どちらも $\vec{x}$ の空間を分割するという目的は同じであり似ているけれども、異なる機械学習手法である。目的変数の有無に着目すれば、両者は容易に区別できる。

1). 教師あり学習では、目的変数値と学習済みモデルによる予測値の一致度を用いて予測の妥当性を明確に定義できる。定量的な一致度は 2.3.1 節で紹介する回帰・分類評価指標で評価される。一方、2). 教師なし学習では、妥当性を明確に定義することができない。例えば、クラスタリングでクラスター数に関して何かしらの評価基準を考えることはできるが、それはそもそも答え（目的変数値）が無い解析であり、ある評価基準値が与えられたとしてもそれが何かの意味でクラスター数の妥当性を表せるのかは分からない。

2.2.2 データの規格化

説明変数ごとにデータが持つ意味合いは異なっており、例えば物理量の測

[35] 目的変数を説明変数に混ぜても良い。

[36] Classification も Clustering も日本語では分類と訳されるが、本書では Classification を分類と、Clustering をクラスタリングと呼ぶ。

[37] 説明変数が離散値である場合の記述問題を達成する手法にはグラフなどにより特徴量間の関係性を集約、頻出パタンマイニングなどがある。

[38] 名前に回帰と付いているが、分類を扱う手法である。

[39] 次元圧縮は元の説明変数から、何らかの情報をできるだけ保存するように新しい特徴量に変換すること。変換により特徴量のサイズ（次元）を小さくする。

[40] これ以降は主成分分析でなく PCA と表記する。

[41] 観測データに y が存在していたとしても y 参照せずに $\vec{x}$ の空間を分割する。

定値に限った場合でも，単位が異なるものを同列に扱うことは適切ではない．これを改善するための最も基本的な手順が各説明変数の回帰に及ぼす影響が同程度になるように値を変換するデータ規格化である．一般的な機械学習ライブラリ，そして Orange の機械学習部品も規格化されたデータを想定して開発されているので，これを行った方が良い．

データ規格化[42]では

42) 正規化とも呼ばれる．英語では Normalization.

- Min-Max Normalization：[0,1] 区間への線形変換
- Z-score Normalization[43]：平均値 0，標準偏差 1 の分布とする線形変換

43) 標準化，Standardization とも言われる．

44) 本書ではこれらは日本語に訳さず英語のまま用いる．

がよく用いられる[44]．規格化は，説明変数ごと変換関数を作成する場合が多いが，説明変数ごとではなくデータインスタンスごとに変換する場合がある．どの規格化が良いのかは，例えば，実際に回帰・分類モデルの性能を評価して判断する．

2.2.3　教師あり学習 a：回帰

ここでは代表的な手法として線形回帰に関して説明を行う．例えば，説明変数ベクトル $\vec{x}_i$ と簡単のためスカラ値とした目的変数 $y_i(i = 1, \ldots, N)$ から成る観測データがあるとする[45]．各ベクトル $\vec{x}_i$ は P 個の成分を持つ．つまり

45) 後述になるが図 2.2 を参考にしていただきたい．

$$\vec{x}_i = (x_{i1}, x_{i2}, \cdots, x_{iP})$$

である．線形回帰[46]では $\vec{x}_p$ と同じサイズのベクトル $\vec{w} = (w_1, w_2, \cdots, w_P)$ を用いて，回帰式

46) 線形回帰とは，回帰モデル $f(x)$ が係数 $\vec{w}$ の線形関数となる問題を意味し，x^5 や $\sin(x)$ などの x の非線形関数が含まれても良い（一般的に含まれる）．

$$f(\vec{x}) = \sum_p^P w_p x_p + w_0$$
$$= (\vec{w}, \vec{x}) + w_0$$

が与えられたときに[47]，次式の評価関数

47) w_0 は切片 (intercept) と呼ばれる．

$$L^{reg.} = \sum_{i=1}^{N} (y_i - f(\vec{x}_i))^2 + \alpha ||\vec{w}||_n^n \tag{2.4}$$

を最小化するように $\vec{w}$ と w_0 を決定し[48]回帰モデルを学習する．

48) 定義により第一項に $1/N$，などがかかることがある．しかし，第一項と第二項の相対的な大きさを決めるために α を用いるので問題にならない．

式 (2.4) の第二項は罰則項と呼ばれ，機械学習手法では頻繁に用いられる．$||\vec{w}||_n$ はベクトル $\vec{w}$ の n 次ノルムと呼ばれる．更に，この m 乗を $||\vec{w}||_n^m$ の

ように考えこともでき，よく用いられる n=1，2 の項は，$|\cdot|$ を絶対値として，

$$||\vec{w}||_1^1 = \sum_{p=1}^{P} |w_p|$$

$$||\vec{w}||_2^2 = \sum_{p=1}^{P} |w_p|^2$$

である．ここで，α は式 (2.4) の罰則項の影響を決める値であり，ハイパーパラメータと呼ばれる．その大きさは，評価関数の最適化の過程で決定することが多い[49]．

　ある α が与えられると，式 (2.4) を最小化した結果，$\vec{w}$ と w_0 が求まり，回帰式が定まる．これが回帰モデルの学習である．未知データ[50] $\vec{x}^{new}$ が与えられると，それを回帰モデルに適用した予測値 $f(\vec{x}^{new})$ を得ることができる．

　線形回帰は，罰則項の有無，罰則項の種類により，以下のように分類される．

- 罰則項なし：（いわゆる）線形回帰
- 罰則項あり

　・n=1：Lasso[51]
　・n=2：リッジ (Ridge) 回帰
　・n=1 から 2 の間：Elastic Net

　特筆すべきは Lasso とリッジ回帰は大域最小解を与えることである．つまり，罰則項なしの線形回帰でしばしば問題になる説明変数間の（多重）共線性の影響を受けずに解を一意に与えることができる[52]．また，Lasso では罰則項は多数の説明変数の中から不要な説明変数の係数を 0 にする特徴を持つ．

2.2.4　教師あり学習 b：分類

　ロジスティック回帰は分類の代表的手法である．これは線形回帰の式 $f(\vec{x})$ を logit 関数

$$P(\vec{x}) = \frac{1}{1 + \exp(-f(\vec{x}))}$$

に作用させて 0 から 1 までの量に直す．$f(\vec{x})$ は $-\infty$ から ∞ までの値を取れる関数であっても良いが，$P(\vec{x})$ に作用させることで 0 から 1 の値を取るように変換し，確率と解釈する．罰則項があるロジスティック回帰では次式の評価関数を最小化することで分類モデルを学習する．

$$L^{cls.} = \frac{1}{n}||\vec{w}||_n^n + C \sum_i \log\left(\exp\left(-y_i f(\vec{x_i}) + 1\right)\right) \tag{2.5}$$

式 (2.4) と異なり，ハイパーパラメータ C が大きいほど，第一項の罰則項の寄与が小さくなる．

分類クラスが二つである場合はあるクラスと予測される確率を $P(\vec{x})$，別なクラスとして予測される確率を $1 - P(\vec{x})$ と解釈できる．分類するクラスが複数の場合は，例えば，one-vs-rest 法ではそのクラスか否かという分類モデルをクラス回数個学習し，最も確率が高いクラスを予測値とする[53]．

2.2.5　類似度と距離の定義

1 次ノルム，2 次ノルムと関連して，距離，そして類似性[54] は機械学習において重要な概念である．類似性・非類似性はデータが似ている・異なっていることを表す．それらを定量化した数学的な実装[55] が距離である．様々な距離が定義されているが[56]，ここでは以下の三つの有名な距離について説明する．

- ユークリッド距離 (Euclidean distance)：L2 ノルムと同じ二地点間の距離の定義である．最も馴染みがある距離の定義と思う．非負値を取り，値が小さいほど類似性が高い．
- マンハッタン距離 (Manhattan distance)：L1 ノルムと同じ二地点間の距離と同じ定義である．例えば，碁盤目に道がある都市の中を移動する際には直線距離（ユークリッド距離）では移動できない．道に沿って移動するために，マンハッタン距離の方がタクシー運賃などを決める距離の定義として適切である．非負値を取り，値が小さいほど類似性が高い．
- コサイン距離 (Cosine distance)：二地点をベクトルとして，ベクトルのコサインを計算する．–1 から 1 まで値を取る[57]．値が大きいほど類似性が高い．

2.2.6　教師なし学習 a：次元圧縮

次元圧縮[58] では説明変数空間をそのまま用いる PCA と距離行列[59] を用いる多様体学習がよく用いられる．

PCA

PCA は全説明変数を用いた空間の平均値からの分散[60] が最も大きい方向

[53] Orange 内部で用いる scikit-learn0.22 版が LogisticRegression のアルゴリズムの標準動作を one-vs-rest 法から入力パラメタにより one-vs-rest 法と多値ロジスティク回帰に切り替わるアルゴリズムに変更した．これにより Orange の動作も変更された．将来的にも内部アルゴリズムは変わる可能性がある．多項ロジスティクス回帰については参考文献にあるビショップの本などを参考にしていただきたい．

[54] 類似性と類似度の逆は非類似度と非類似性である．

[55] Metric.

[56] 説明変数が離散的な場合にも距離が定義されるが，ここでは詳細を述べない．

[57] 距離という名前なのに負値を取ると気持ち悪いかもしれないが，相対的な大小のみを評価するので問題にはならない．

[58] 次元集約，次元削減とも言う．

[59] 6.3 節で具体例を説明する．

[60] データ x_i, i=1,...,N に対して，平均値は $\bar{x} = \frac{1}{N}\sum_{i=1}^{N} x_i$ である．分散 (σ^2) は $\sigma^2 = \frac{1}{N}\sum_{i=1}^{N}(x_i - \bar{x})$ である．

へ座標軸を決める．その座標軸から垂直な方向で分散が最も大きい方向へ新たな座標軸を決める．これを求めたい次元分繰り返す．求めた分散の値を全分散の和で規格化したものを寄与率と呼び，ある次元までの分散の値の和を累積寄与率と呼ぶ．全説明変数と同じ次元まで取ると累積寄与率は 1 になる．

多様体学習

多様体学習 (Manifold Learning) でよく用いられる手順は説明変数行列から一度データ間の距離行列を計算し，それを活用して，データ空間を低次元空間に圧縮変換する．この際に距離を計算する範囲を制限することで有用な特徴を引き出すこともある．

本書では次元圧縮手法として PCA と多様体学習の例として t-SNE を用いる．PCA は大局的な構造が保たれるが，t-SNE は局所構造しか保たれない変換を行うという違いがある．

▍2.2.7　教師なし学習 b：クラスタリング

クラスタリングの目的は類似なデータを同じクラスターに，非類似なデータを異なるクラスターに区別することである．この時に類似性，非類似性の定量値として距離を用いる．クラスタリング手法には，クラスター間の関係に関して大きく分けて

 i). 各クラスターが独立である場合
ii). クラスター間に系統的な関係がある場合

という二つがある[61]．

 i). 独立な各クラスターに区別するクラスタリング手法の代表である k-Means 法は，まずクラスター数 (K) を決め，何かの定義の距離 $||\cdots||$ を用いた以下の評価関数 J を最小化するようにクラスター C_j に属する $x_i^{(j)}$ と中心値 μ_j を繰り返し更新し，最終的にクラスターを決定する．

$$J = \sum_{j=1}^{K} \sum_{i}^{N} ||x_i^{(j)} - \mu_j||^2$$

ii). 一方，階層クラスタリング法はクラスター間に階層的な関係があるクラスタリング手法である．これは距離が近い順にクラスターを階層的に逐次生成する．二つ以上の要素が含まれるクラスター間の距離には様々な定義が

[61] それぞれ，クラスタ間にネストが無い，ネストがある手法とも言い換えられる．

ある.

2.3　モデル学習と妥当性の評価

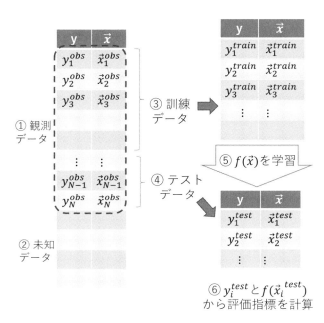

図 **2.2**　左：観測データと未知データ，右：訓練データとテストデータからモデル学習・評価を行う.

ここまでで，一通りの機械学習手法と予測モデルの作り方は説明した．次に，2.1.3 の最後のパラグラフで触れた観測データから学習した予測モデルの未知データへの妥当性の評価法を説明する．最初に目的とそのための手続きを整理しておく．まず，図 2.2 ① 観測データから予測モデルを学習する目的は図 2.2 ② 未知データ[62] に対して適用し，予測することである．そして，予測モデルを適用する前に 2.1.3 節で説明した通り予測モデルの妥当性評価が必要である．これらを実現する手法は i) **モデル学習**と ii) **学習したモデルの評価**，最後に iii) **学習したモデルの選択**から成り立つ．罰則項がある線形回帰，ロジスティクス回帰を念頭に置くと，

i). **モデル学習**は 2.2.3 節の式 (2.4)，2.2.4 節の式 (2.5) で導入した評価関数

L を（既知）観測データを用いて，あるハイパーパラメータで最適化することによって行う．

ii). **学習したモデルの評価**は定量的に行わねばならない．このための回帰・分類モデル評価指標の定義が必要である．更に，評価指標を定義しても，未知データでは評価指標値を計算できない[63]ので，予測モデル性能評価のための疑似手法を導入する．

iii). ハイパーパラメータなどを変えて学習したモデルの中からモデルの評価指標値を最大化するように選択を行う[64]．

i) は既に説明したので，ii) 評価指標を 2.3.1 節，予測モデル性能評価の疑似手法を 2.3.2 節，2.3.3 節に，iii) ハイパーパラメータ最適化の概要を 2.3.4 節に説明する．

2.3.1 評価指標

目的変数が連続量である回帰と離散量である分類とで異なる評価指標がある．

回帰評価指標

回帰モデルによく用いられる評価指標には以下がある．

- 平均二乗誤差

$$\text{MSE} = \frac{1}{N} \sum_{i=1}^{N} \left(y_i - f(x_i)^2 \right)$$

- 二乗平均平方根誤差

$$\text{RMSE} = \sqrt{\text{MSE}}$$

- 平均絶対誤差

$$\text{MAE} = \frac{1}{N} \sum_{i=1}^{N} |y_i - f(x_i)|$$

Predicted

Actual	bcc	fcc	hcp	misc	Σ
bcc	8	0	6	0	14
fcc	1	5	6	8	20
hcp	3	2	17	2	24
misc	1	2	9	33	45
Σ	13	9	38	43	103

図 2.3　結晶構造の多値分類の混同行列．Actual が目的変数の観測値．Predicted が予測値である．

● 決定係数

$$R^2 = 1 - \frac{\sum_{i=1}^{N} (y_i - f(x_i))^2}{\sum_{i=1}^{N} (y_i - \bar{y})^2}$$

ここで $\bar{y} = \frac{1}{N}\sum_{i=1}^{N} y_i$，つまり y_i の平均値である．

前から三つは，予測値の誤差であり，値が小さいほどモデル評価が高い．各数値の単位[65]は，MSE が目的変数の二乗の単位，RMSE と MAE は目的変数の単位である．R^2 は無単位であり，予測値と観測値の相関関係であり，値が大きいほどモデル評価が高い．R^2 は目的変数値が予測値と完全に一致する場合に最大値 1 をとる．

[65] 例えば，速度 v の場合は m/s，超電導転移温度の単位では K（ケルビン）である．

分類評価指標

分類モデルの評価指標の一つには図 2.3 で示す行列表示が用いられる．これを**混同行列**と呼ぶ．この表は，5 章で用いられる体心立方格子 (bcc)，面心立方格子 (fcc)，六方最充填構造 (hcp)，その他 (misc) の結晶構造 4 クラスの分類事例である．縦軸を観測データの目的変数値とし，横軸を予測値として，各セルがデータ数を表す．対角線上数値は，予測値が観測データの目的変数値に一致したデータインスタンス数，すなわち，正しく分類できたデータインスタンス数であり，非対角要素は誤って分類されたデータインスタンス数である[66]．

[66] 割合で表示することも可能である．

図 2.3 は bcc, fcc, hcp, fcc の四値分類だったが，特に二値分類の場合は観

	予測値が陽性 (+)	予測値が陰性 (−)
観測値が陽性(+)	真陽性 true positive (TP)	偽陰性 false negative (FN)
観測値が陰性(−)	偽陽性 false positive (FP)	真陰性 true negative (TN)

図 **2.4**　二値分類の混同行列

測値と予測値がそれぞれ陽性もしくは陰性に対して[67]，図 2.4 のように表現される．本節では Orange の表示に合わせて行を観測値，列を予測値としたが，ソフト，解析者によっては図 2.3，図 2.4 の行列が転置されて表示されるので混同行列を読み取る際は注意されたい．

　混同行列は評価指標値が複数あるため，複数の離散目的変数値がある場合に特に煩雑である．このため，目的に応じて混同行列から複数の分類評価指標が更に生成される．

- 正答率 (Classification accuracy (CA))：精度とも呼ばれる．これは，全データインスタンスのなかで，正しく分類された割合である．図 2.3 で全データインスタンスに対する混同行列の対角要素数の割合[68] である．

また，混同行列から計算を行う再現率，適合率，F1 スコアもよく用いられる．

- 再現率 (Recall)：図 2.3 で示すと横方向の正確さを示す指標である．例えば，fcc の観測データの中で，予測モデルにより正しく fcc と分類されたデータインスタンス数もしくは割合[69] である．
- 適合率 (Precision)：図 2.3 で示すと縦方向の正確さを示す指標である．例えば，予測モデルで fcc と分類されたデータの中で，観測データが fcc であったデータインスタンス数もしくは割合[70] である．
- F1 スコア：再現率と適合率の調和平均，

$$F1 = \frac{2\mathrm{Recall} \times \mathrm{Precision}}{(\mathrm{Recall} + \mathrm{Precision})}$$

である．

これらは離散目的変数値ごとに生成されるが，更に加重平均を取るなどして一つの評価指標を生成する．正答率から F1 スコアまでの分離評価指標は値

67) 目的変数が A もしくは B の場合は A を陽性 (+)，B を陰性 (−) とする．

68) (8+5+17+33)/103 =0.61

69) 5/20=0.25

70) 5/9=0.56

が大きいほど学習したモデルの評価が高い.

2.3.2　一組の訓練データとテストデータへ分割する手法

図 2.2 を再び参照してほしい. 存在しない未知データの代わりに, 目的変数値を持つ観測済みの（既知）観測データをモデル学習とモデル性能評価に利用する. そのために, 図 2.2 で ①（既知）観測データを ③ 訓練データと ④ テストデータに分割する.

まず, ⑤ 訓練データのみを用いて回帰・分類モデル $y = f(\vec{x})$ を学習する. 次に, 訓練データには用いなかったという意味での未知データとして ⑥ テストデータを用いて学習したモデルの性能を評価する[71].

具体的には, 回帰では 2.3.1 節の評価指標式での 1 から N までの i の和をテストデータに関して取る. 一方, 分類の混同行列もテストデータに関して作り, 正答率や F1 スコアなどの分類評価指標値を計算する. テストデータに対する回帰・分類モデル性能を ② 未知データに適用した場合に推定される予測性能でもあると解釈し, 回帰・分類モデルの妥当性評価に用いる.

2.3.3　交差検定

訓練データとテストデータを一組に分割するだけでなく, 数少ない観測データを有効活用するために, 最近は交差検定（クロスバリデーション）が用いられることが多い.

交差検定は分割数を指定して使用する. 以下では図示のため分割数を 5 として説明する. まず, 図 2.5 のように観測データを第 1 集合 (#1) から第 5 集合 (#5) までの五つの集合に分割する[72]. 交差検定では, 図 2.6 のように, 四つの集合を訓練データとし, 残りの一つの集合からテストデータとする. そして, 訓練データから回帰モデルを作り, テストデータに対して回帰評価指標を計算する. この作業を分割数分（5 回分）繰り返す[73].

交差検定では, 観測データサイズが少ない場合を想定しており, 例えば, 訓練データとテストデータの組み合わせが図 2.6 の一番目の組[74] だけでは, 訓練データとテストデータに偏りがあるかもしれないことが懸念される. これに対して, 全ての訓練データとテストデータの組を使うことで訓練データとテストデータの分割の偏りが減ることが期待される. また, 各セットがテストデータとして必ず一回使われるので全データインスタンスの予測値評価ができるという特徴も持つ. 交差検定を利用する場合の回帰モデルの評価指標

71) 訓練データをさらに評価データに分けて, 学習したモデルの評価を定量的に行う手法もあるが, ここでは二つのデータセットに分ける簡易手法の説明を行う.

72) データインスタンスの分け方も乱数で切り混ぜることが多い.

73) 交差検定では回帰モデルが分割数個生成される. この意味で, 交差検定で評価しているのは回帰モデルではなく回帰モデルのハイパーパラメータである.

74) 訓練データが #2–#5, テストデータが #1.

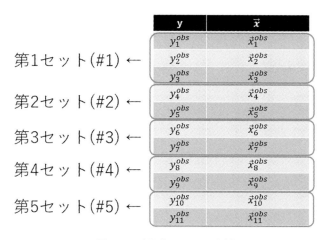

図 **2.5** 観測データの分割

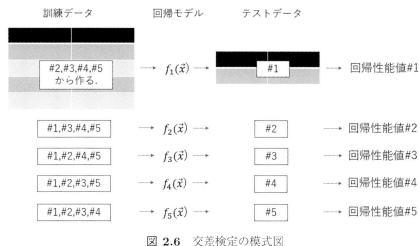

図 **2.6** 交差検定の模式図

には，Orange ではテストデータ評価指標値の平均値が表示される．

2.3.4 予測モデル評価値の最大化によるモデル選択

本節では，2.3 節冒頭で説明した，iii) 学習したモデルの評価を最大化するように学習したモデルの選択を行う，部分を説明する．ハイパーパラメータ α がある回帰モデルでは，RMSE[75] を学習したモデルの評価として用いることにすると，テストデータに対して RMSE が最も小さい α を用いた学習済み回帰モデルを選択することである[76]．

75) RMSE は値が小さいほどモデル評価が高い．

76) one standard error rule など最小の RMSE を用いない最適化法もある．

このために α に対して RMSE がどのような振る舞いをするかを以下に説明する．典型的には α の関数として図 2.7 のように，訓練データの RMSE は α 値が小さくなるほど小さくなるが，テストデータの RMSE に関してはこれを最小にする α 値が存在することが多い．これは以下のように解釈できる．まず，回帰モデルは訓練データを用いた式 (2.4) から求められること，テストデータは訓練データと重複しないことに注意して欲しい．

1. α が大きい場合は，式 (2.4) 第二項で式 (2.4) 全体の大きさが決まる．このため訓練データの RMSE が大きくなる．同時にテストデータの RMSE も大きくなる．

2. 一方，α を小さくすると式 (2.4) 第一項で式 (2.4) 全体の大きさが決まる．このために訓練データの RMSE が大きくなるが，同時に訓練データに対して過度に関数当てはめを行ってしまう．このため，テストデータの RMSE が大きくなる．この場合は，過度に訓練データに対して学習，適合したという意味で，過学習，もしくは過適合と呼ばれる．

図 2.7 の RMSE の α 依存性から，テストデータの評価指標値が最小値をとる α の値を選択する[77]．図 2.7 で α の最適値より左側（小さい側）は過学習をしていることになる[78]．なお，α の適切な大きさは問題によって大きく異なるので，問題ごとに適切な値を探索する必要がある．

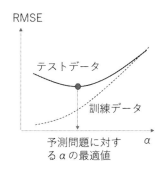

図 **2.7**　予測誤差のハイパーパラメータ依存性（模式図）

交差検定を用いた場合は，このようにして最適化選択されたハイパーパラメータの値を用いて回帰・分類モデルをつくる[79]．

2.4 予測モデル学習の諸問題

予測モデル作成時の諸問題について，再び 2.1 節の具体的な物体落下問題に即して説明する．

予測モデルは観測データサイズが "十分" にあれば妥当に学習されるだろうと思われる．ではどの程度の数があれば "十分" なのだろうか．現実世界では物体の落下でも m, k, t の三次元で済むような簡単な話ではない．形状が簡単な円柱としても k の代わりに底面積 S，長さ L，質量密度 ρ，落下角度 θ の依存性がある．つまり，f は六説明変数[80] の関数 $f(m, S, L, \rho, \theta, t)$ である．そして，それぞれの説明変数に対して 10 点 ($N = 10$) 観測すると $10^6 = 100$ 万点必要になる．もし，更に複雑な形状を考慮して，例えば，10 説明変数では $10^{10} =$ 一兆点の観測データが必要になる計算になり，説明変数が増えると一体何回観測を行えば妥当な予測関数が学習できるのか途方に暮れることになる．このように説明変数の次元 (D) が増えるほど予測モデル学習のための観測データインスタンス数が指数関数的[81] に急激に増えるために問題が起きることを**次元の呪い**という．

地球上での物体落下問題では物理的考察，もしくは具体的な方程式により f は m, S, L, ρ, θ, t の関数であることを知っていた．しかし，方程式が無い問題や物理的考察が十分にできない場合は可能な限り多くの説明変数を用いることになるだろう．例えば，物体落下モデルで m を除いていては重要な説明変数が欠けていることになるので高精度な予測モデルを学習できないからである．では，可能な限り多くの説明変数を用いるという指針で，円柱落下問題で 10 説明変数から線形回帰モデルを学習する．一方，物理的考察からは六次元であることを知っているので，観測データから学習した "法則" は六次元の線形回帰モデル[82] が得られて欲しい[83]．これは特徴量選択，もしくは次元選択の問題と言われ，少数の重要な説明変数を選択した予測モデルを作成することを**スパースモデリング**とも呼ぶ[84]．代表的な線形回帰モデルによるスパースモデリング手法に 2.2.3 節で説明を行った Lasso がある．

次元の呪いに関しては，説明変数数が D 次元だとし，それぞれの説明変数で値を取りうる範囲もそれぞれ 10 分割するにしても 10^D 点取る必要が無いことも多い．物体落下問題の例だと，$\rho = m/(SL)$ であるので ρ, m, S, L は独立では無い．このため，一変数を除いて ρ, S, L の説明変数空間になるはずである．このように実際は見かけの説明変数空間より低次元の空間に存在す

80) 六次元とも言う．

81) D 次元で N^D になること

82) m, S, L, ρ, θ, t 以外の説明変数の回帰係数が 0

83) また，現在は原理（方程式）が分からなくても，物質科学では特徴的なスケール（長さ，重さ，エネルギー，温度など）での物理法則が必ず背後にあり，いずれは現象の的確な物理モデリングを行われ，教科書に見られるような少ない変数を持つ方程式で記述できることが期待される．

84) 見方を変えて，少数のデータから回帰・分類モデルを作成する技術をスパースモデリング技術と呼ぶ．

ることもある[85]．また，例えば，地球上での物体落下と問題設定をすれば，長さとして地球の長さを考える必要も無いし，密度としてブラックホールの密度を取る必要も無い．長さは最小でミリメートル単位，最大でメートル単位，密度は最小で油の密度，最大で金の密度で良いだろう．そのため妥当な予測モデル学習に必要な観測点数は説明変数の次元から原理的に考えられる数よりもかなり小さい．また，ある（複数の）説明変数空間の範囲に取りうる値が局在していることもある．これらの理由により，目的変数と関連付けずに，観測データの説明変数だけの空間の分布を解析することもまた重要であり，その手法にはクラスタリングや次元削減がある．この際には，目的変数と関連した評価指標が存在しないため可視化が重要になることが多い[86]．また，モデル学習時にこれらを併用することで，データに対する知見が得られたり，予測モデルがより妥当に学習できることもある．

そのほかには，内挿・外挿など考慮に入れねばいけない問題があるが紙面の関係でここでは述べない．興味があれば読者の更なる勉強を期待したい．

2.5 機械学習の四過程

本章では，予測モデルの学習・選択過程について説明した．しかし，一般的に物理現象を機械学習過程に落とし込むには付随する過程が存在する．機械学習過程は以下の**データ収集**，**データ加工**，**データからの学習**，**可視化**の四つの過程に分けて考えることができる．

例えば，第一原理計算で分子の計算を行い目的変数である全エネルギーを計算し，機械学習古典ポテンシャルを学習する多くの論文がある．この問題でのそれぞれの過程は以下になる[87]．

- データ収集：分子式から分子構造（原子種類と原子座標の順序リスト）を用意して第一原理計算分子動力学を行い，それぞれの構造の全エネルギーを計算し観測（生）データを得る過程である．
- データ加工：観測（生）データである原子種類と原子座標の順序リストは同種原子の順序変換に関しても等価でなく，座標系を決めた原子座標は並進，回転に対して等価でない．このため，これらの対称操作に関して不変になるように変換し，（加工済み）観測データを生成することが多い．更に，一般的な機械学習手法ライブラリを用いるために単位，スケールが異なる

説明変数のデータ規格化を行う[88].

- データからの学習：ハイパーパラメータがあれば交差検定などでハイパーパラメータの値を決め，回帰モデルを学習する.
- 可視化（随時実行）：大量のデータを扱うため人間が途中経過や結果を理解できるように可視する過程である.

また，一般的に，観測データを一組の訓練データとテストデータに分割し，新規データ[89]に対して適用する一連の手続きを図 2.8 に示す.（既存）観測データから説明変数を生成し，規格化し，訓練データとテストデータに分割し，訓練データから学習した回帰モデルをテストデータに適用し予測値を生成し，テストデータの回帰性能を評価し，未知データへの予測性能とみなす.データ分割に関しては，例えば，観測データが 100 データインスタンスあり，訓練データ 70 データインスタンスとテストデータ 30 データインスタンスに分割している.新規データ[90]には，観測データ側で用いた変換式で規格化を行い，訓練データから学習した予測モデルで予測値を得る.

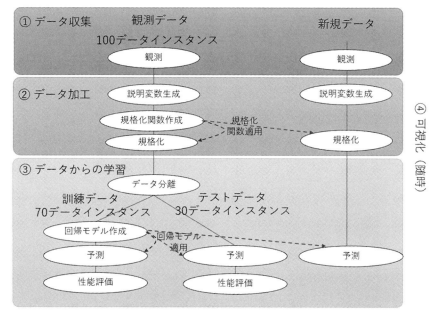

図 2.8 機械学習の四過程

最後に，物理量は，その性質によって対数表示が好まれる場合がある.そ

88) データ規格化はデータ解析の一部とも考えられる.

89) 回帰モデルの学習時には未知であったデータ.

90) モデル学習時には目的変数値が観測されていなかった未知データのこと.

91) 解析者次第である.

の場合は機械学習手法の適用においても，事前に対数値に変換した方が良いことが多い[91]．このような変換も，データ加工（説明変数生成）に含まれる．専門知識に従い適切に変換されたい.

3 超基礎：簡単な観測データからの回帰モデルの学習

3.1 観測データと回帰モデルの定義

y	x_1	x_2	x_3	x_4	x_5	x_6
y_1^{obs}	x_{11}^{obs}	x_{12}^{obs}	x_{13}^{obs}	x_{14}^{obs}	x_{15}^{obs}	x_{16}^{obs}
y_2^{obs}	x_{21}^{obs}	x_{22}^{obs}	x_{23}^{obs}	x_{24}^{obs}	x_{25}^{obs}	x_{26}^{obs}
$\vdots$			$\vdots$			
y_N^{obs}	x_{N1}^{obs}	x_{N2}^{obs}	x_{N3}^{obs}	x_{N4}^{obs}	x_{N5}^{obs}	x_{N6}^{obs}

図 **3.1** 目的変数 (y)，説明変数 (x_i) を与える表

　本章では，Orange の使い方に慣れることを目的として，目的変数 (y) と説明変数 $(\vec{x} = (x_1, x_2, x_3, x_4, x_5, x_6))$ が図 3.1 の観測データとして与えられた場合の線形回帰モデル学習を，スパースモデリングを含めて扱う．

　簡単のため，説明変数と目的変数は以下の法則に従っているとする．説明変数は六つあり，x_2 から x_5 は $x_1^2, x_1^3, x_1^4, x_1^5$，$x_6$ は $\sin(x_1)$ から[92]，目的変数は $\sin(x_1) + \delta$ から生成する．ここで δ は平均値 0，標準偏差 0.001 のガウシアンノイズである．このように観測された，100 データインスタンス，6 説明変数を持つデータを `data/x15_sin_Orange.csv` に置く[93]（表 3.1 参照）．

$\vec{w} = (w_1, w_2, w_3, w_4, w_5, w_6)$ と表記して，線形回帰モデル

$$f(\vec{x}) = \vec{w} \cdot \vec{x} + w_0$$

で予測モデルを学習したら，どのような関数が得られるだろうか．最も簡単な予測モデルであり，観測データを生成した "法則" である関数形は，w_i $(i = 1, \cdots, 5)$ が零，$w_6 = 1$，つまり $f(\vec{x}) = x_6 = \sin(x_1)$ である．一方，$\sin(x_1)$

[92] もしくは，生データとして x_1 を観測し，線形回帰モデルの説明変数として x_2 から x_6 を $x_1^2, x_1^3, x_1^4, x_1^5, \sin(x_1)$ としてデータ加工して生成したと解釈してもよい．

[93] 生成スクリプトを `python/Ch3_1_make_x15_sin.py` に置く．

表 3.1 データファイル data/x15_sin_Orange.csv と data/x15_sin_new_Orange.csv

ファイル	data/x15_sin_Orange.csv
データサイズ	100 データインスタンス，6 説明変数
説明変数	$x_1, x_1^2, x_1^3, x_1^4, x_1^5, \sin(x_1)$
目的変数	$\sin(x1) + \delta$
ファイル	data/x15_sin_new_Orange.csv
データサイズ	20 データインスタンス，6 説明変数
説明変数	$x_1, x_1^2, x_1^3, x_1^4, x_1^5, \sin(x_1)$
目的変数	$\sin(x1) + \delta$
コメント	data/x15_sin_Orange.csv に対する未知データとして生成.

はテイラー展開できるので x_1 の 1 次から 5 次までの係数 w_i $(i = 1, \cdots, 5)$ が非零，そして $\sin(x_1)$ の係数 w_6 が零になる予測モデルが，この観測データの範囲内では近似予測モデルとして得られる可能性がある[94]．全ての w_i が非零になる予測モデルが得られる可能性もある.

94) 問題 1B 参照.

　本章では，説明変数を入力として目的変数の値を正しく予測できるモデルの構築だけではなく，更に，最も簡単な線形回帰予測モデルを構築する手順を理解することを目的とする．回帰係数 $\vec{w}$ の多くが零になる問題では，スパースモデリングと呼ばれる手法が有効とされ，その代表が Lasso である．Lasso により回帰モデル $f(\vec{x}) = \sin(x_1)$ が学習されれば，スパースモデリングの成功である.

3.2　Orange 操作の基礎知識

　Orange を起動すると，図 3.2 の画面が表示される．図 3.2 の丸点線で囲まれた New を押すと，図 3.3 のように左側に機械学習手法を含むアイコンが並ぶツールボックス，右側に空白の Orange キャンバスが表示される．以下では，お絵かきソフトのようにこの空白の Orange キャンバスに部品（部品）を配置し，それらを接続することによって部品を実行させるシステムを作成する[95].

95) Orange のバージョンによっては後ほど示すワークフロー情報入力ウィンドウ（図 4.1）が表示される．その場合は何も入力せずに OK ボタンを押して良い.

　まず，Orange のバージョンを確認するために，図 3.3 ウィンドウ上段 Help メニューから図 3.4 のように About を選択すると新たなウィンドウが表示され，バージョンが表示される.

　本書は Orange バージョン 3.26.0 の結果から作成している．Orange はバー

図 **3.2** 起動画面

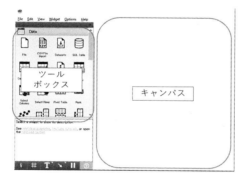

図 **3.3** ツールボックス（左）と空白の Orange キャンバス（右）

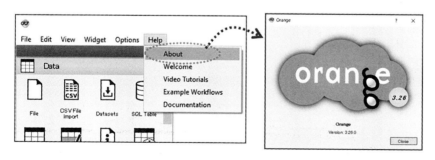

図 **3.4** Help メニューから About を選択し，バージョン表示する．

ジョンアップが頻繁に行われており，バージョンが異なると乱数や内部アルゴリズムなどの変更により表示や結果が異なることがあることを理解していただきたい．

　新規ウィンドウを開いた状態では図 3.3 の左側のツールボックスは図 3.5

図 **3.5**　部品を選択するツールボックス

のように表示されていると思う．ツールボックスは Data，Visizlize，Model，Evaluate，Unsupervised とカテゴリ分類ごとに表示されている．図 3.5 ではこのうち Data カテゴリの一部のみ見えている．これらカテゴリ名をクリックすることでそれらに分類されている具体的な部品を表示・非表示切り替えをすることができる．例えば，

a)．図 3.6 の状態で ① Data カテゴリ名をクリックすると ③ のように Data カテゴリの部品が展開表示される．

b)．逆に ③ の状態でカテゴリ名をクリックすると ① のようにそれらの部品が非表示になる．

同様に

c)．② Model カテゴリ名をクリックすると ④ のように Model カテゴリの部品が展開表示され，

d)．④ をクリックすると ② のようにそれらの部品が非表示になる．

また，部品にマウスカーソルを重ねて数秒放置すると，説明ウィンドウがポップアップされ（図 3.7）英語で簡単な説明が表示される．

　各部品には，図 3.8 で丸で強調されて示されているとおりデータが出入りする入力ポートと出力ポートが定義されている．少なくとも左右のどちらかに点線の円弧があり，左側が入力ポート，右側が出力ポートである．入力・出力ポートの有無は，その部品の機能によって異なり，

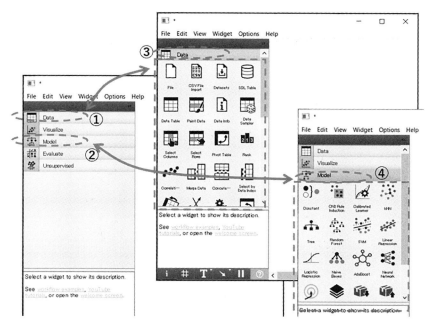

図 **3.6**　ツールボックスの展開

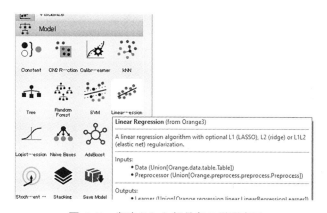

図 **3.7**　省略された部品名の説明表示

- 出力ポートのみ
- 入出力ポート
- 入力ポートのみ

の三種類がある．出力ポートから入力ポートへと線（リンク）をつなぐことによってデータの流れを指示し，各部品を連係動作させる．一連の部品群を

連携させ動作させる仕組みをワークフロー[96]と呼ぶ．ワークフローは基本的に左から右にデータが流れるように Orange では作成する[97]．

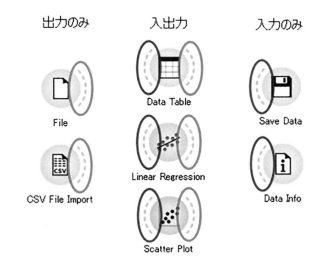

図 **3.8**　部品とポート

3.3　Orange ワークフロー作成の初歩

以下では Orange の部品を [ ] で囲って表記することにする．例えば，[File] は File 部品である．

まず，ファイルから観測データを読み込み，表形式で表示させるところまで行う．ファイルからデータを読み込む部品 [File] と表形式で表示する部品 [Data Table] を動作させるワークフローでこれを実現する．このために，図 3.9 のように，左側のツールボックス Data カテゴリの中から，

1. [File] と
2. [Data Table]

を配置したキャンパスを作成しよう．はじめは [File] の上に赤 ⓧ 印が表示される．これは読み込むファイルが指定されていないためである[98]．このよう

に部品が動作に不適切な状態にあれば，赤 Ⓧ 印が表示されるのでなんらかの修正の必要があることが分かる.

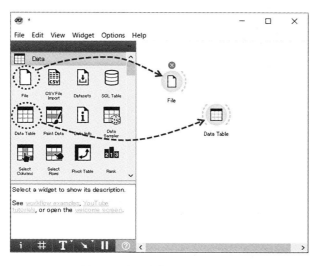

図 **3.9**　[File] と [Data Table]

　ここでの修正は，読み込むデータファイルを指定することである.

3. [File] をダブルクリックすると，ファイル選択ウィンドウ図 3.10 が開く.

4. 図 3.10 ① 点線で囲まれたボタンを押すと，各 OS のファイル選択画面が開くのでデータファイル `data/x15_sin_Orange.csv`[99] を選択する.

データファイルが正しく読み込まれると，図 3.9[File] 部品上の赤 Ⓧ 印が表示されなくなる. これで [File] の出力ポートにデータが出力された状態になる.

　また，図 3.10 ② には読み込まれた観測データである白色背景の説明変数名と灰色背景の目的変数名が表示される. 図 3.10 ③ には出力されるデータインスタンス数が 100 であることも表示されている.

　次に，[File] の出力を [Data Table] の入力として動作させるために，両者の接続を行う.

5. 図 3.11 で [File] の出力ポートにマウスカーソルを合わせると，点線が太く表示される. これがポートが選択された状態である. ここで ① マウスボタンを押したまま，② [Data Table] の入力ポートまでドラッグする. 両ポートが接続可能である場合は，入力ポート側でも，マウスカーソル

99) レポジトリをダウンロードしたディレクトリにある. ディレクトリ構造を示した図 1.1 も参照.

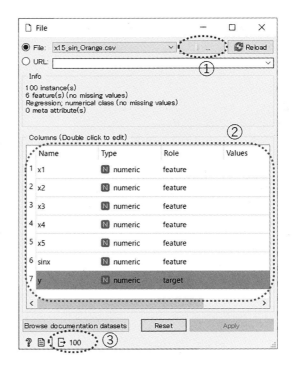

図 3.10   データファイル選択

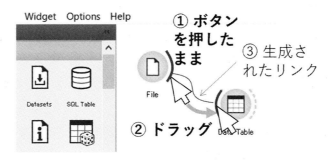

図 3.11   部品接続リンクの詳細

が重なると線が太く表示される.

6. ③マウスボタンを離すと③のように [File]–[Data Table] 間のリンクが生成される．データがリンクでやり取りできている場合に，この線は実線表示される[100]（図 3.12 左参照）.

7. 図 3.12 左①生成したリンクをダブルクリックするとリンク編集ウィンドウが表示される（図 3.12 右②）．この例では，[File] の Data 出力

[100) 点線の場合は修正が必要になる．以下で点線になる例を示す.]

ポートと，[Data Table] の Data 入力ポートが接続されていることを示している．この場合はつなぎ方が一通りしか無く，意図したとおりに接続された．部品によっては複数の入出力ポートが存在するので注意が必要となる．

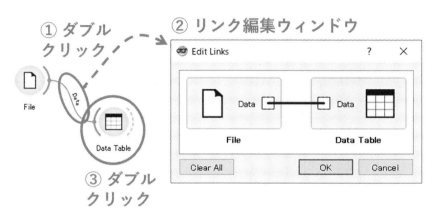

図 **3.12** 接続詳細

リンクが実線であると，[File] で読み込んだデータが出力され，リンクを通じて [Data Table] の入力となっている．[Data Table] の中身を確認するには

8. 図 3.12 左 ③ [Data Table] をダブルクリックすると，図 3.13 のウィンドウが開き，データが表形式で表示される．

Orange では背景が灰色の列（この場合は一列目）が目的変数，背景が白色の列（この場合は二列目以降）が説明変数を意味している．なお，説明変数 x6 の代わりに sinx と表示されるように CSV ファイルを生成した．

この観測データの場合は説明変数と目的変数を生成する「法則」が分かっているが，一般には [Data Table] の値の表示は数字の羅列に見えるので分かりにくい．一般的な場合に用いることができるように，観測データを可視化するための部品 [Scatter Plot] をキャンバスに追加，接続することでワークフローに機能を追加する．

10. 図 3.14 ① のようにツールボックス Visualize カテゴリから [Scatter Plot] のドラッグ&ドロップを行い右側キャンバスに追加する．

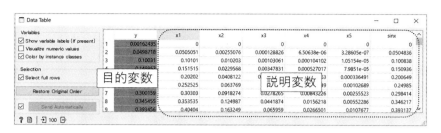

図 **3.13**　[DataTable] 確認

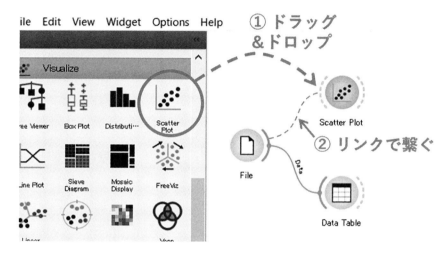

図 **3.14**　[Satter Plot] の追加

11. 次に，図 3.14 ② のように [File]–[Scatter Plot] の間のリンクを繋ぐ．

ワークフローは図 3.15 左のようになっているはずである．[File]–[Scatter Plot] の間のリンクの詳細を調べる．そのために，

12. 図 3.15 ① のリンクをダブルクリックし，図 3.15 ② のリンク編集ウィンドウを開く．[File] の Data ポートと [Scatter Plot] の Data ポートが繋がっていることを確認してほしい[101]　（図 3.15 ③）．

この場合はリンクが正しく繋がっていると思うが，ここでリンクの編集方法を説明しておく．

a. 既に存在するリンクを削除するには 3.16 ① で示すようにリンクをクリックする．

101）複数のポートを持つ部品の例である．

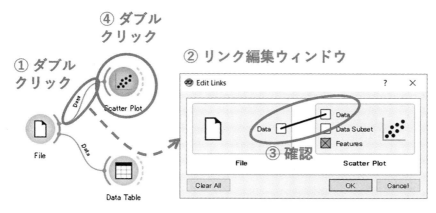

図 3.15 [File] と [Satter Plot] を繋ぐ.

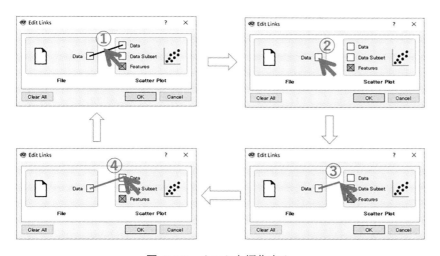

図 3.16 リンクを編集する.

b. ポート間のリンクを新たに生成するには，図 3.16 ② のように接続したい
   どちらかのポートの四角をマウスで選び[102]，

c. 相手側のポートへ向かってドラッグし（図 3.16 ③），

d. 相手側のポートの四角でドロップする（図 3.16 ④）.

102) 右側部品からでも左
側部品へでも良い.

上の操作を [File] の Data ポートと [Scatter Plot] の Data ポートを繋げた場
合は Data–Data と接続された 3.16 ① の状態に戻る.

　ワークフロー図 3.15 の操作に戻る．[Scatter Plot] へのリンクが実線であ
れば，すでに [Scatter Plot] もキャンバス内で動作している.

13. 図 3.15 ④ [Scatter Plot] をダブルクリックすると，図 3.17 ウィンドウが開く．

14. 図 3.17 ① で "Axis x" を "x1"，"Axis y" を "y" とすると，x1 対 y の図を書ける．3.1 節で説明した「法則」から期待されるように $y = \sin(x1)$ に見えるグラフが示される．

また，図 3.17 ② のフロッピーディスクのボタンでグラフを保存することができる．

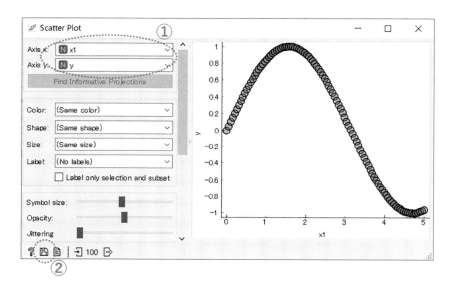

図 **3.17**　[Satter Plot]，x1 対 y の図

なお，[Satter Plot] などの可視化を行う部品はウィンドウが左右に二分割されていることが多い．左側をコントロールペイン，右側を可視化ペインと呼ぶ．コントロールペインは表示・非表示を切り替えることができる．図 3.18(a) で点線で囲った区切り部分[103] を押すと，コントロールペインが非表示になり図 3.18(b) の表示になる．図 3.18(b) 表示で点線で囲った部分[104] をクリックすると図 3.18(a) に戻る．意図せずに触ってしまいコントロールペインが非表示になることがあるが，このようにして再表示させられる．

同様に別の変数間の関係も見ることができる．図 3.19 ① は "Axis x" を "x1"，"Axis y" を "x2" とし，図 3.19 ② は "Axis x" を "x1"，"Axis y" を "x5" とした結果である．各変数の変化範囲（③，④）も確認しておいてほしい．

103) よく見ると薄く ">" が見える．

104) よく見ると薄く "<" が見える．

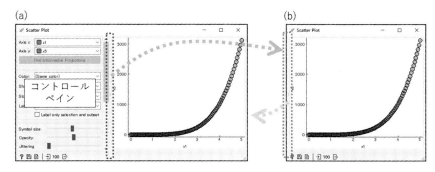

図 **3.18**　[Satter Plot] の左側のコントロールペインの表示・非表示切り替え

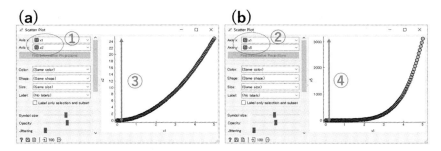

図 **3.19**　[Satter Plot], (a) x1 対 x2 の図, (b) x1 対 x5 の図

　次に各変数の分布を可視化する部品 [Distributions] をキャンバスに追加し
動作させる.

15. 図 3.20 ① のようにツールボックス Visualize カテゴリから [Distribution]
    をドラッグ&ドロップし右側のキャンバスに配置し,

16. [File] と [Distributions] の間をリンクを Data で繋ぐ（図 3.20 ②）.

17. [File]–[Distributions] のリンクをダブルクリックしてリンクの詳細を確認
    しておく（図 3.20 ③）.

18. 出来上がったワークフローで [Distributions] をダブルクリックして, ウィ
    ンドウを開く（図 3.21）.

19. 図 3.21 ①[Distribute] の左パネルの “Variable”で “y”を指定すると, y の
    分布が表示される. 各領域表示バーの幅は, ウィンドウ左側コントロー
    ルペインの “Distribution”の “Bin width”のスライダーバーで調整でき
    る. 中間付近の値に設定すると見やすいだろう.

図 3.21 ① “Variable”を変更して, 各変数で同じ操作を試して, 説明変数の取

る値の範囲が全く異なることを確認して欲しい．x2 は 0 から 26 程度の範囲であるが，x5 は 0 から 3000 程度の範囲である．このように説明変数，及び目的変数データの値の分布，値の範囲，変数間の関係をあらかじめ把握しておくことをデータ解析の前に行った方が良い[105]．

105）後述する [Festure Statistics] を用いた図 4.4 では変数の分布一覧が表示される．

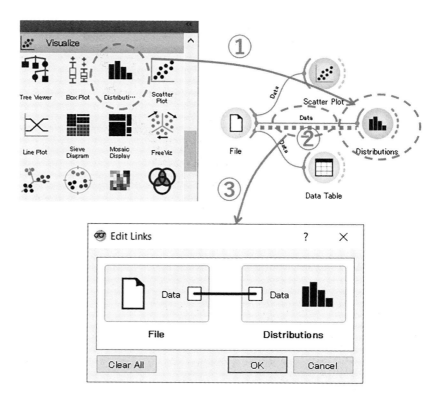

図 **3.20**　[Distributions] を配置し繋ぐ．ワークフロー：`workflow/Ch3_1_plot_distribution.ows`

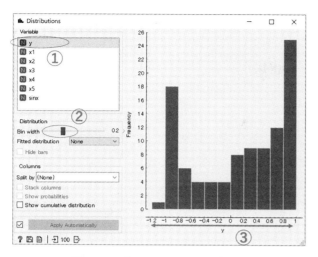

図 **3.21**　[Distributions] の表示.

3.4　線形回帰モデルの学習と予測

そろそろ Orange の使い方に慣れてきたと思うので，2.5 節の図 2.8 に相当するワークフローを最終的に作成するよう作業を行っていく.

用いるデータは以下の二つである.

● 観測データ：前節でデータの詳細を確認した 100 データインスタンス，6 説明変数の data/x15_sin_Orange.csv を用いる.これを 7：3 の比で訓練データ：テストデータに分割する.

● 新規データ：20 データインスタンス，観測データと同じ説明変数を持つ data/x15_sin_new_Orange.csv を用る.

ワークフローは

1. 観測データを訓練データとテストデータへ分割する.
2. 観測データから回帰モデルを学習する.
3. テストデータを用いて学習した回帰モデルの予測性能を評価する.
4. 求めた回帰モデルで新規データの予測を行う.

の四つの手続きに分けて動作確認をしながら以下で作成する.

▎3.4.1　観測データの訓練データとテストデータへの分割

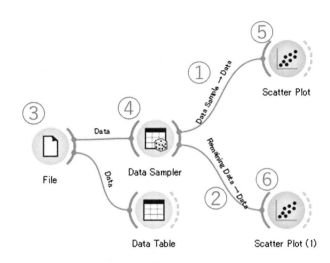

図 **3.22**　訓練データとテストデータを生成するワークフロー：`workflow/Ch3_2_data_plot.ows`

　まず，観測データの訓練データとテストデータへの分割を行うためのワークフロー，図 3.22 を作成する．[Data Sampler] はツールボックス Data カテゴリから取得できる．このワークフローで注意することは図 3.22 ① のリンクを Data Sample – Data とつなぎ，図 3.22 ② のリンクを Remaining Data – Data と繋ぐ点である．

　以下の設定でこのワークフローを動作させる．

1. 図 3.22 ③ [File] で `data/x15_sin_Orange.csv` を読み込む[106]．
2. 図 3.22 ④ [Data Sampler] をダブルクリックしてウィンドウを開く（図 3.23）．図 3.23 ① の "Sampling Type" の "Fixed porpotion of data" でスライダーを動かし "70%" を選ぶ．

100 の 70 ％は 70 であるので，Data Sample 出力ポートにランダムに選んだ 70 データインスタンス（図 3.23 ②），Remaining Data に残りの 30 データインスタンスが出力される．

　[Data Sampler] の出力ポート "Data Sample" と "Remaining Data" はそれぞれ訓練データ，テストデータとして用いる．これらを確認するために，デー

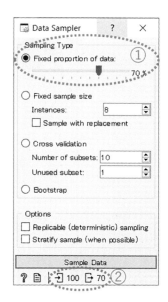

図 3.23　訓練データとテストデータへの分割

タを可視化する部品を追加しているので，以下，これらを見ていく.

3. 図 3.22 ⑤ [Scatter Plot] でダブルクリックしてウィンドウを開く."Axis x"を "x1"，"Axis y"を "y"とする（図 3.24(a)）. 図 3.24(a) ウィンドウの左下にデータインスタンス数が 70 であることが表示される.

4. 図 3.22 ⑥ [Scatter Polot] でダブルクリックしてウィンドウを開く."Axis x"を "x1"，"Axis y"を "y"とする（図 3.24(b)）. 図 3.24(b) ウィンドウの左下にデータインスタンス数 30 であることが表示される.

横軸のデータ表示範囲が自動調整され異なっているので明確ではないかもしれないが，図 3.24(a) で表示されない "点"が，図 3.24(b) で表示される.

▌3.4.2　訓練データから線形回帰モデルの学習

これは，式 (2.4) で $i = 1, \cdots, N$ の和を訓練データに対して行う過程である. 以下のように，ワークフロー図 3.22 を修正して，ワークフロー図 3.25 を作成する.

1. 図 3.22 ⑤，⑥ の二つの [Scatter Plot] を削除する[107].

2. 図 3.25 ③ [Linear Regression] を配置し，図 3.25 ② [Data Sampler] と ③

107) 繋げたままでも良い. 選択して DEL キーか，右クリックメニューから Remove でキャンパス上の部品を削除できる. 部品を削除すると自動的にリンクも消える.

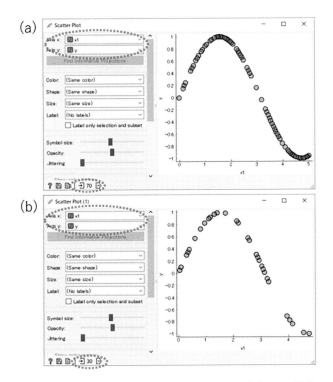

図 **3.24**　訓練データ（a）とテストデータ（b）の可視化

[Linear Regression] の間のリンクを Data Sample – Data と繋ぐ．[Data Sampler] の出力ポート "Remaining Data"はまだ繋がない．

3. 図 3.25 ④ [Data Table] を配置し，図 3.25 ③ [Linear Regression] と ④ [Data Table] のリンクを Coefficients – Data と繋ぐ．

　このワークフローで罰則項が無い線形回帰モデルの学習を行うために，以下の設定を行う．図 3.25 ① [File] と ② [Data Sampler] の設定は先程と同じである．

1. 図 3.25 ③ [Linear Regression] をダブルクリックしてウィンドウを開く（図 3.26）．簡単のため罰則項が無い線形回帰モデルを選ぶ．そのためには図 3.26 の "Regularization"で "No regularization"を選ぶ．

この時点ですでに訓練データによる回帰モデルが学習されている．

　回帰モデルが学習されていると回帰係数を参照できるはずであり，これを

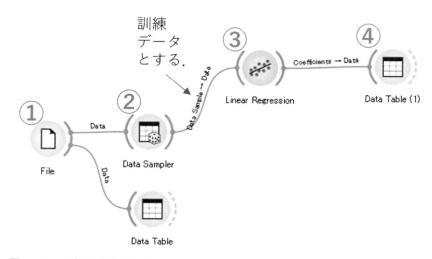

図 **3.25** 回帰係数を求めるワークフロー ：`workflow/Ch3_3_train_model.ows`

表示する.

2. 図 3.25 ④ をダブルクリックしてウィンドウを開く（図 3.27）と各回帰係
  数と切片が coef 列に表示される.

sinx の係数はほぼ 1 だが, x1 から x5 までの係数が小さいながらも非零で存
在している. 残念ながら, sinx のみ選ばれる回帰モデルにはなっていない.

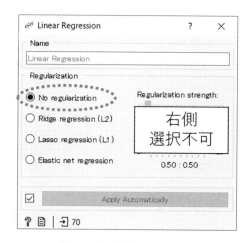

図 **3.26** 線形回帰の設定

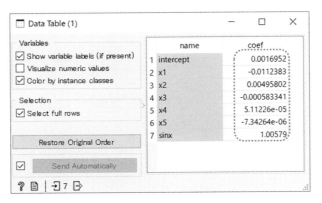

図 3.27　回帰係数

▍3.4.3　テストデータを用いた線形回帰モデル性能の評価

　次に，訓練データから求めた回帰モデル $f(\vec{x})$ に対して，テストデータ $\vec{x}^{\text{test}}$ を代入し予測値 $f(\vec{x}^{\text{test}})$ を求め，テストデータの目的変数 y^{test} を用いて回帰性能を評価する過程を行う．

　図 3.25 を修正して，訓練データとテストデータへ分割し，テストデータで予測性能を求めるワークフロー図 3.28 を以下の手続きで作成する．

1. 図 3.28 ① [Predictions] を追加する．
2. 図 3.28 ② [Linear Regresson] と [Predictions] の間をリンクを Model – Predictors で繋げる．
3. 図 3.28 ③ [Data Sampler] と [Predictions] の間のリンクを Remaining Data – Data で繋げる．
4. 図 3.28 ④ [Predictions] と [Data Table] の間のリンクを Predictions – Data で繋げる．
5. 図 3.28 ⑤ [Predictions] と [Scatter Plot] の間のリンクを Predictions – Data で繋げる．

　③ までおこなった時点でこのワークフローは動作しており，予測値と回帰性能がすでに計算されている．

1. 図 3.28 ① [Predictions] をダブルクリックして開く（図 3.29）．
2. Prediction ウィンドウ（図 3.29）の下部に MSE，RMSE，MAE，R^2 [108] などの回帰性能が表示される．それぞれ，0.0，0.001，0.001，1.0 である．

108) Orange では R2 と表示される．

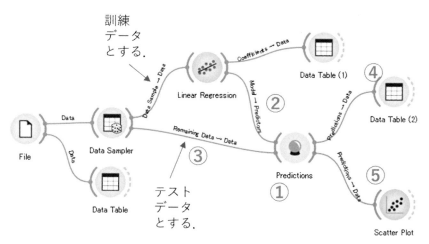

図 3.28　訓練データとテストデータへ分割し，予測性能を求めるワークフロー：
`workflow/Ch3_4_traintest_predict.ows`

この回帰モデルの予測性能は極めて高い．新規データに対しても妥当な予測
を行うことが期待できる．

	Linear Regression	y	x1	
1	0.788682	0.788988	0.909091	0.
2	0.151914	0.149863	0.151515	0.
3	-0.996207	-0.996262	4.79798	23
4	0.0519161	0.0498718	0.0505051	0.
5	0.763852	0.76296	2.27273	5.
6	-0.976334	-0.975324	4.49495	20
7	0.989433	0.988635	1.71717	2.
8	0.161125	0.161975	2.9798	8.
9	0.578263	0.578353	2.52525	6.
10	0.980832	0.980669	1.76768	3.
11	-0.841399	-0.841188	4.14141	17
12	0.210765	0.210994	2.92929	8.

Model	MSE	RMSE	MAE	R2
Linear Regression	0.000	0.001	0.001	1.000

図 3.29　予測性能

　テストデータ目的変数値と回帰モデル予測値も可視化図で確認しておく．

3. 図3.28 ⑤[Scatter Plot]をダブルクリックしてウィンドウを開く（図3.30）．

4. 図 3.30 の "Axis x" で "y"，"Axis y" で "Linear Regression" を選ぶとテ
　ストデータの観測値対予測値のグラフが表示される．

目視でもテストデータで予測値＝目的変数値となる線形回帰モデルを学習し
たことが可視化部品で確認できた．具体的な数値は図 3.28 ④ [Data Table] で
確認していただきたい．

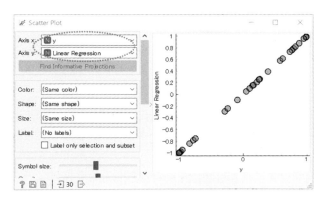

図 **3.30**　テストデータでの目的変数対予測値の図

3.4.4　線形回帰モデルを用いた新規データの予測値生成

テストデータに対して妥当な予測を行うモデルが学習できたので，未知データに対しても妥当な予測が行えることが期待される．最後に予測モデル学習時にはなかった未知データに対する予測を行う．これは新規データ $\vec{x}^{\mathrm{new}}$ に対して，予測モデル $f(\vec{x})$ を用いて，予測値 $f(\vec{x}^{\mathrm{new}})$ を生成する過程である．なお，新規データは答え合わせの為に "法則" により生成した目的変数値 y^{new} も与えてあるので評価指標値も計算することができる．

図 3.28 を修正して，図 3.31 のワークフローを作成する．以下に追加・修正事項を記す．

1. 図 3.31 ① [File] を追加する[109]．
2. 図 3.31 ② [Data Table] を追加する．
3. 図 3.31 ③ [Data Sampler] と [Predictions] の間のリンクを削除する[110]．
4. 図 3.31 ④ [File] と [Predictions] の間のリンクを Data で繋ぐ．

[109] Orange キャンバスでは同名の部品は (1)，(2) などと番号を付けて表示される．

[110] 選択して DEL キーか，右クリックメニューから Remove で削除できる．

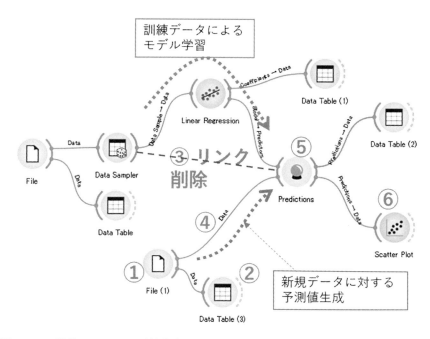

図 **3.31**　新規データの予測値を求めるワークフロー：`workflow/Ch3_5_newdata_predict.ows`

図 **3.32**　新規データの予測値

新規データを読み込み，このワークフローを動作させる．

1. 図 3.31 ① [File] で新規データ `data/x15_sin_new_Orange.csv` を読み込む．

2. 図 3.31 ⑤[Predictions] をダブルクリックしてウィンドウを開く（図 3.32）．

　図 3.32 下部に回帰性能が表示される．MSE, RMSE, MAE, R^2 はそれ
　ぞれ 0.0, 0.002, 0.002, 1.0 である．

3. 図 3.31 ⑥[Scatter Plot] をダブルクリックしてウィンドウを開く（図 3.33）．

4. 図 3.33 の "Axis x" で "y"，"Axis y" で "Linear Regression" を選ぶと新
　規データの観測値対予測値の図が表示される．

視認の範囲で予測値＝目的変数値となるプロットが表示され，妥当な予測が
行えたことが分かる．

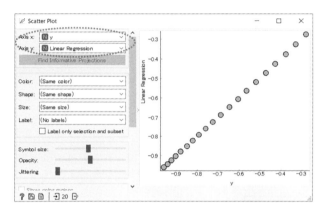

図 **3.33**　新規データの観測値対予測値の図

3.5　説明変数の自動選択：Lasso による線形回帰モデルの学習と予測

　次に，Lasso による説明変数の自動選択を行う線形回帰モデルの学習と予
測を行うが，まず，観測データのデータ規格化を行わずに Lasso によるモデ
ル学習を行い，次に，観測データのデータ規格化を行った後に Lasso による
モデル学習を行い両者の学習モデルを比較する．

データ規格化を行わないモデル学習

　観測データを訓練データとテストデータに分割したワークフロー図 3.28
に戻る．[Regression] において "Lasso regression(L1)" を選択しすることで，
Lasso を利用できる（図 3.34 ①）．これまでは Lasso のハイパーパラメータ

は α と書いたが以降は Orange の表記に合わせて Alpha と書くことにする．Alpha は "regularization Strength" のスライダーを動かすことで変更できる（図 3.34 ②）．

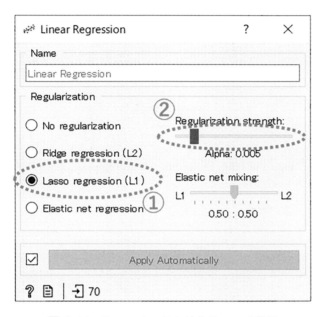

図 **3.34** Regression における Lasso の利用

Alpha を変更して何が起きるのかを確認しよう．Alpha を変更する [Regression]，回帰係数を確認する [Data Table]，回帰評価指標を見る [Predictions] の三つのウィンドウが同時に見える形にすると確認しやすいだろう．そのウィンドウ配置例を図 3.35 に置く．

例えば，Alpha=0.005 の場合は $R^2 = 0.999$ であり，Alpha が小さい場合には，極めて高い回帰性能の回帰モデルが学習できた．しかし，Alpha を幾つに設定しても，残念ながら sinx の係数のみ非零の線形回帰モデルは得られないはずである．二つの値だけだが，Alpha を動かした例を図 3.36 に置く．上図が Alpha=0.005，下図が Alpha=0.17 である．

データ規格化を行った後のモデル学習

次にデータの規格化をしてから回帰モデルの学習を行う．データ規格化を

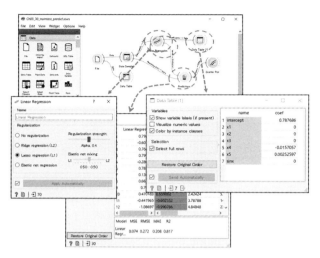

図 **3.35**　Alpha, 回帰係数, 回帰評価指標を同時にみるウィンドウ配置.

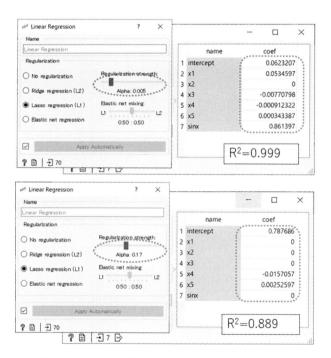

図 **3.36**　Alpha を変えた場合の回帰件数の変化.

行う回帰モデル学習ワークフローを図 3.37 に置く．追加事項は，ツールボックス Data カテゴリから [Preprocess] を追加配置し，[Preprocess] と [Linear

Regression] の間をリンク Preprocessor で繋げていることである[111]．

[111] 異なるワークフロー
として [Data Sampler]–
[Preprocess]–[Linear Re-
gression] と繋げても良
い．その場合は [Prepro-
cess]–[Linear Regression]
は Preprocessed Data
– Data と繋ぐ．同じ
回帰係数が与えられる．
`workflow/Ch3_6_prepro`
`cess2_predict.ows` に
置く．

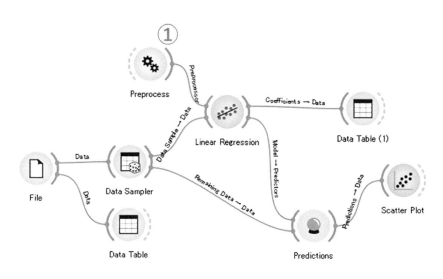

図 **3.37**　回帰時にデータ規格化を行うワークフロー：`workflow/Ch3_6_preprocess_`
　　　　　`predict`

Orange では [Linear Regression] などのモデルの入力として繋がる [Prepro-
cess] の機能（規格化も含まれる）は適切につなげると[112]，訓練データで回
帰モデルを学習する際だけでなく，テストデータ，新規データで予想を行う
際にも自動的に規格化が行われる．例えば，このワークフローでは予測値生
成の場合に規格化が行われていないように見えるが，図 2.8 の通りに予測値
生成側でも同じデータ規格化が行われる[113]

以下のように [Preprocess] の設定を行う．

[112] Orange で最も分か
りにくい部分と思う．繋
げ方は一通りではない．
付録の A.3 節を参照して
欲しい．

[113] Orange のワークフ
ローは単にデータを渡す
というわけではない部品
があるので慣れるまで混
乱するかもしれない．

3. 図 3.37 ① [Preprocess] をダブルクリックしてウィンドウを開く（図
　3.38(a)）．初めての操作の時は図 3.37 右パネルには何も表示されない．
4. 図 3.38 ① のように左パネルから "Normalize Features" を選びドラック
　&ドロップして ② 右側パネルで離す．図 3.38(b) のように右パネルに
　"Normalize Features" の選択画面が表示される．
5. 図 3.38 ③ の "Standardize to $\mu=0$, $\sigma=0$" をラジオボタンで選択する．

これで回帰の前処理として Z-score Normalization によるデータ規格化が行わ
れる．

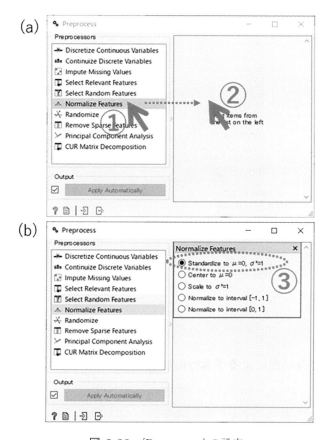

図 **3.38** ［Preprocess］の設定

　ワークフローで回帰の前処理としてデータ規格化が行われるようになった
ので，再度 Lasso で線形回帰モデル学習を行う．Alpha を動かしてみよう．例
えば，Alpha=0.014 で，R^2=1 かつ，sinx の係数のみ非零となる回帰モデル
が生成されることを確認してほしい（図 3.39）．つまり，スパースモデリン
グにより，極めて高い回帰性能及び，切片項を除いて $f(\vec{x}) \sim \sin(x1)$ という
モデルの学習に成功した．

　一点注意事項がある．図 3.37 の回帰係数は規格化された訓練データに対す
る回帰係数であり，規格化前の訓練データに対する回帰係数ではない[114]．し
かし，回帰係数に対する議論は普通は規格化された観測データや訓練データ
に対する回帰係数に対して行うので，回帰係数の議論に用いるには問題は生
じない．

114) 規格化を変えると回
帰係数が変わる．また，簡
単な回帰式による計算な
ので自分で計算しても確
認できる．

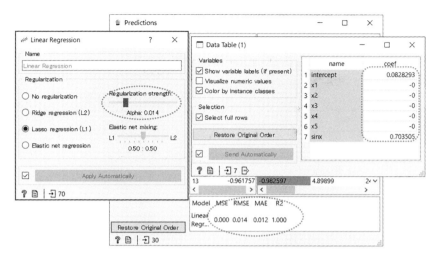

図 **3.39** sinx 係数のみ非零となる回帰係数を持つ回帰モデル

3.6 交差検定による予測性能評価と新規データへの予測

3.6.1 交差検定による予測性能評価

次に 2.3.3 節で説明した交差検定行い予測性能を評価する．これは図 3.40 に示す単純なワークフローで実現できる[115]．[Test and Score] はツールボックス Evaluate カテゴリにある．ここでは特に以下の部品間のリンクを確認して欲しい．

115) データ確認のために [File] に [Data Table] を接続している．他の可視化部品を接続してもよい．

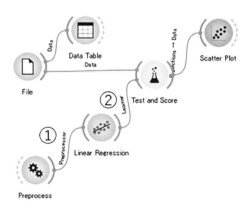

図 **3.40** 予測性能評価のみを行うワークフロー：`workflow/Ch3_7_CV.ows`

1. [Preprocess] と [Linear Regression] 間のリンク図 3.40 ① は Preprocessor でつなぐ．

2. [Linear Regression] と [Test and Score] 間のリンク図 3.40 ② は Learner でつなぐ．

前節で説明した通り，[Preprocess] を Preprocessor 入力としてつなげた [Linear Regression] は回帰モデル学習時と，回帰モデル適用時に自動的に同じデータ規格化を行う．また，[Test and Score] は内部で交差検定を用いて複数の回帰モデルを学習するという一連の手続きを一つにまとめた高度な部品なので，かえって見かけが簡単なワークフローになる．

このワークフローを動作させる．

3. [File], [Preprocess] は，すでに行った説明通りなので，本書の通りに操作を進めていれば，設定は保存されているはずであり変更の必要はない．

4. [Linear Regression] の設定は "Lasso regression (L1)" で "Alpha" を 0.014 に設定する．

5. [Test and Score] では "Sampling" で "Cross validation" の "Numer of folds" で "10" を選択すると 10 回交差検定を行う（図 3.41①）．

その場合の評価指標値が図 3.41② "Evaludation Results" に表示される．図 3.41 では MSE，RMSE，MAE，R^2 の値がそれぞれ 0.0，0.014，0.013，1.00 である．

6. [Scatter Plot] を各自ダブルクリックして開き，"Axis x" を y，"Axis y" を Linear Regression としてグラフを生成し，

目視でも目的変数値＝予測値に見えるグラフであることを確認してほしい．

交差検定による回帰性能値，及び可視化により，極めて高い予測性能を持つ "Alpha" を 0.014 とした Lasso による線形回帰モデルが得られたことが確認できた．未知データに適用しても妥当な予測を行えることが期待できる．

▍3.6.2　予測モデル学習と新規データへの予測

交差検定を行う場合は予測モデルは一つでは無く，交差検定回数個ある[116]．予測モデルは交差検定と別過程で学習するのが一つの手法である．たとえば，scikit-learn の LassoCV は交差検定を行い最適化した Alpha を得た後に，その Alpha で全ての観測データを用いて回帰モデルを学習する．これ

116) 2.3.3 節参照．

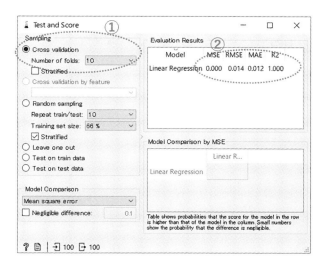

図 3.41 Test and Score 設定

にならい，最適化した Alpha 値で全ての観測データを用いて回帰モデルを学
習する過程を以下で行う．

全ての観測データを用いた回帰モデルを学習し，新規データの予測値を求
めるワークフローを図 3.42 に置く[117]．補足を加えると，[Linear Regression]
と [Predictions] のリンク ① は Model – Preidictions であり，④ [File (1)] と
[Predictions] のリンク ② は Data である．③ [File] は（既存）観測データを
読み込み，④ [File (1)] は新規データを読み込む．

前節からの追加事項は

1. 交差検定で回帰モデルの妥当性を評価した Alpha 値を，このワークフ
   ローの Lasso による線形回帰モデルのハイパーパラメータとする．

2. 図 3.42 ④ [File (1)] で新規データ，`data/x15_sin_new_Orange.csv` で
   読み込む．

3.4.4 節ですでに説明したとおり，この新規データは「法則」から生成した目的
変数値があるので回帰性能も ⑤ [Predictions] で評価される．⑤ [Predictions]
をダブルクリックしたウィンドウを図 3.43 に置く．（既存）観測データに対す
る性能評価値（図 3.39）に比べて新規データの評価指標値は悪くなることが
多い．更に，今回用いた新規データは観測データの外挿領域となる説明変数
領域なので評価指標値は悪くなるはずであり，差は微小ではあるが実際悪く

117) 図 3.28 との違い
は観測データを訓練デー
タとテストデータに分離
しないので [Data Sam-
pler] が無いことである．

なっている．図 3.42 ⑥ に対応する，新規データの目的変数値に対する予測値のグラフを図 3.44 に置く．目視の範囲ではほぼ目的変数値＝予測値に見える．

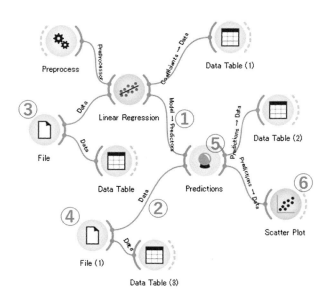

図 **3.42**　全てのデータを用いて回帰モデルを学習し，新規データの予測値を求めるワークフロー：Ch3_8_all_new.ows

　交差検定による回帰性能値，及び可視化により，極めて高い予測性能を持つ "Alpha" を 0.014 とした Lasso による線形回帰モデルが（回帰モデル学習時には用いなかった）未知データに適用しても妥当な予測を行えたことが確認できた．

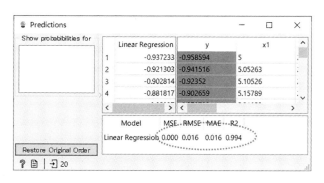

図 **3.43**　新規データに対する回帰性能

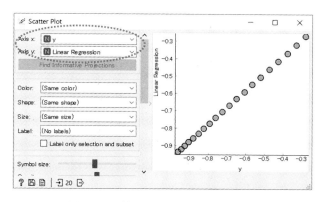

図 **3.44** 新規データに対する予測値

交差検定を行い，最適化した Alpha を得た後に，同じ Alpha で全てのデータを用いて回帰モデルを学習し，新規データの予測値を求めるワークフローを一つにまとめて書くこともできる．参考のために図 3.45 に置くが，少々分かりにくく，ワークフローの意味が理解しにくくなるのでなるべくこの形は用いないことにする．

3.7　学習済みモデルの保存と読み込み

本書で用いる観測データはごく小規模なデータであり，回帰・分類モデル学習は一瞬で終わる．しかし，観測データ数や，回帰・分類モデルによっては学習に時間がかかるため，後ほど回帰モデルを読み込むために学習済み回帰モデルを保存しておくことが通常行われる．これらの機能は Orange でも学習したモデルの保存を行う部品 [Save Model] とモデルの読み込みを行う部品 [Load Model] により実現できる．

これらの部品を用いて図 3.42 を書き換えたワークフローを図 3.46 に置く．[Linear Regression] と [Predictions] の間を分割し，図 3.46 ① [Save Model] でファイルに保存，② [Load Model] でファイルから読み込んでいる．モデルの保存をするには

- [Save Model] の "Save"，"Save as"ボタンを押してファイル保存を行うか，
- もしくは，自動的にファイルを保存するために，それらのボタンでファイル名を設定しておいて "Autosave when recieving new data"のチェックを

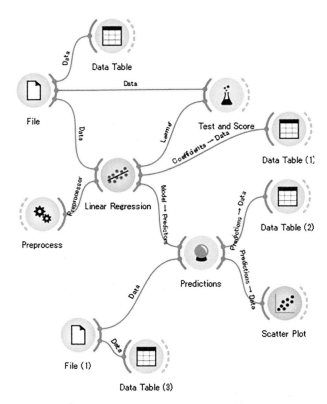

図 **3.45**　交差検定を行い回帰モデルを学習し，新規データの予測値を求めるワークフロー：`Ch3_9_CV_predict_new.ows`

　行う

必要がある．一方，図 3.46 ② [Load Model] でモデルの読み込みは

- [Save Model] と同じファイル名を指定する．

各自 [Load Model] 側のワークフローで [Predictions] の回帰評価指標値，[Data Table(2)]，[Scatter Plot] で同じ予測が行われることを確認してほしい[118]．

118) [Preprocess] で設定したデータ規格化を含めた予測モデルが保存されている．

3.8　Test and Score 部品の機能の詳細

　すでに用いた [Test and Score] は交差検定以外にも様々な機能がある．[Test and Score] の Sampling では以下の手法が選択できる．

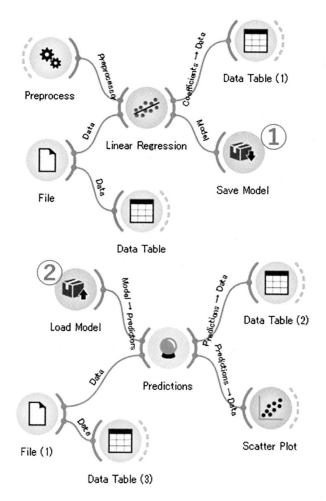

図 **3.46** 回帰モデルを保存し，読み込むワークフロー：`Ch3_10_model_save_load.ows`

- "Cross validation"は交差検定を行う．すでに説明したので省略する．
- "Random sampling"は入力ポートから得たデータを指定した "training set size"の比率で訓練データ・テストデータに分割し訓練データで回帰・分類モデルを学習し，テストデータでモデル性能を評価する．これを "Repeat train/test"回繰り返して回帰・分類性能値を平均する．
- "Leave one out"は一個抜き交差検定を行う．これは上の "Cross validation"での交差検定をデータインスタンス数回行うことと等価である．
- "Test on **train** data"[119] は "Data"入力ポートからのデータを用いて回帰

119) traininig（訓練）の略語として train が用いられる．

モデルを学習し，回帰・分類性能を評価する．
- "Test on **test** data" は "Data" 入力ポートからのデータを用いて回帰モデルをつくり "Test Data" 入力ポートの入力が存在すると "Test Data" により回帰性能を評価する．"Test on train data" と対になる手法である．

"Test on train data" と "Test on test data" で訓練データ，テストデータで回帰モデル学習と，回帰性能値生成の切り替えを行えるワークフローを図 3.47 に示す．ここで，図 3.47 ① の [Data Sampler] と [Test and Score] の間のリンクは Data Sample – Data と Remaining Data – Test Data である．なお，[Test and Score] で "Test on test data" としない場合は図 3.47 ② の三角 "!" 印が表示されるがこれはエラーでは無い．Test Data ポートに入力があるが使われていない，というメッセージである．既に紹介したワークフロー（図 3.28）と違い，ラジオボタンの切り替えで予測モデルを適用するのが，訓練データ（Data）か，テストデータ（Test Data）かを切り替えることができる利点を持つ（図 3.48 ①，②）．また，この操作を行うと，[Test and Score] の出力も訓練データか，テストデータかが切り替わる．図 3.48 ③，④ で．"Axis x" を y，"Axis y" を Linear Regression としてグラフを確認して欲しい．

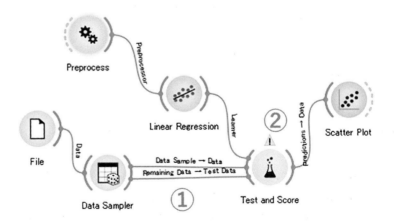

図 **3.47**　Test and Score を用いた訓練データ，テストデータ評価指標値切り替えワークフロー：`Ch3_11_sampler_testandscore.ows`

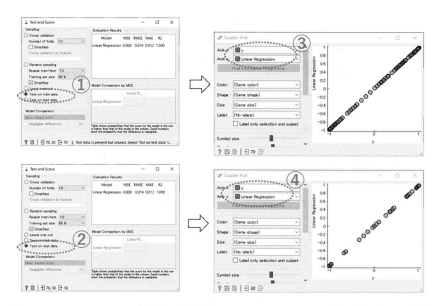

図 3.48 Test and Score を用いた訓練データ，テストデータ評価指標値切り替え

3.9 機械学習の四過程との比較

最後に 2.5 節で導入した機械学習の四過程に対応させておく．多くのデータ収集に伴う作業は Orange を使う前に実行する作業であり，このワークフローではファイルからの観測データ読み込みが相当する．機械学習の四過程に対応させたのが図 3.49 であり，以下のように対応している．

- 図 3.49 ① データ収集：[File]，[File (1)] によるファイルからのデータ読み込み．
- 図 3.49 ② データ加工：[Preprocess] によるデータ規格化．
- 図 3.49 ③ データからの学習：[Linear Regression] による線形回帰モデルの学習，[Test and Score] による予測性能評価，[Predictions] による予測値の生成．
- 図 3.49 ④ 可視化：[Scatter Plot] によるグラフ表示と]DataTable] の表形式データ表示．

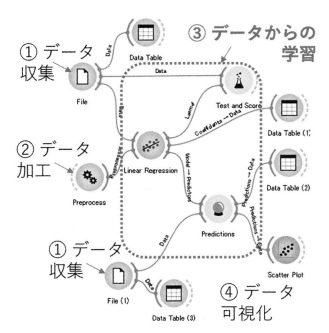

図 **3.49**　機械学習の四過程との対比

3.10　演習問題 1

問題 1A

　図 3.50 は図 3.37 と等価な予測モデルを学習するワークフローである．この
ワークフローにおいて，観測データのデータ規格化をした後の説明変数，目
的変数の値の範囲を ① [Distributions] で可視化して確認せよ．

問題 1B

　表 3.1 の説明変数から sinx を除き，x1 から x5 までを用いて回帰モデルを学
習する．図 3.37 を修正して以下のワークフローを作成せよ．[Select Columns]
はツールボックス Data カテゴリにある．

　説明変数から sinx を除き，x1 から x5 までを用いるための [Select Columns]
の設定は，図 3.51 ① をダブルクリックして開いたウィンドウ（図 3.52）で行
える．

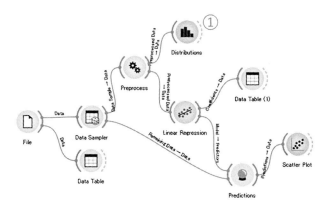

図 **3.50** プリプロセスを用いるワークフロー：`workflow/Q1_A_preprocess2_predict.ows`

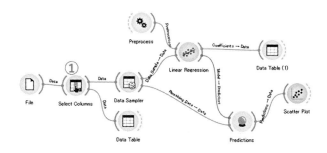

図 **3.51** 変数選択するワークフロー：`workflow/Q1_B_columnselection.ows`

1. 図 3.52(a) ① 右パネルの sinx を選択し，
2. 図 3.52(a) ② "<" ボタンを押す，
3. 図 3.52(b) ③ 右パネルにあった sinx が，
4. 図 3.52(b) ④ 左パネルに移動したことを確認する．

なお，途中で問題が起きた場合は図 3.52(b) ⑤ Reset ボタンを押すと全ての設定が初期状態[120] に戻る．上記の 1–4 で，"Features"（説明変数）が x1 から x5 までになる．[Regression[で "No regularization" を選び [Predictions] で予測性評価指標を確認せよ．

[120] 入力ポートのデータそのままの状態．

問題 1C

説明変数の間に共線性がある観測データの線形回帰モデルを求めたい．[Data Sampler] を用いた図 3.53 のワークフローを作成せよ[121]．

[121] 規格化済み観測データを用いる予定なので，ワークフローでの規格化は不要である．

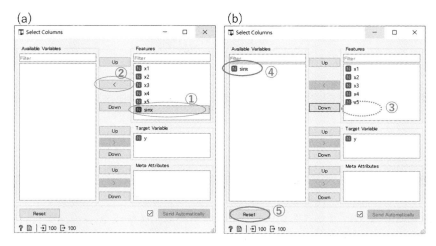

図 **3.52**　説明変数の選択

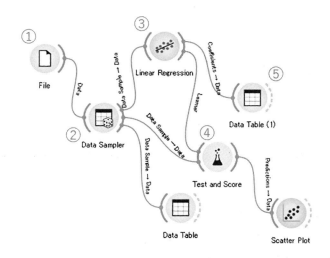

図 **3.53**　問題 1C ワークフロー.

1. 図 3.53 ① [File] ではデータファイル data/x123_Orange.csv を選ぶ.
2. 図 3.53 ② [Data Sampler] では "Sampling Type" として "Fixed proportional of data"："100%" を選択する（図 3.54 ① 参照）.

[Data Sampler] はユーザーが明示的に訓練セットとテストセットを分ける部品であるが，"Fixed proportional of data"："100%" として使用すると，単にボタンを押すごとに全データのデータインスタンス順序をランダムに変えて出力ポートに出力し直す.

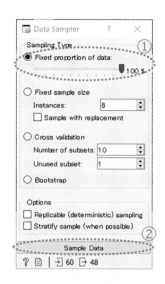

図 **3.54** 問題 1C Data Sampler

3. 図 3.53 ③ [Linear Regression] は問題 1D–1F で選択する.

4. 図 3.53 ④ [Test and Score] では "Test on train data" を選択する（図 3.55 参照）.

問題 1D

50 データインスタンス，3 説明変数を持つ観測データ（表 3.2 参照. `data/x123_Orange.csv`）は以下のように生成されている．説明変数は x_1, x_2, x_3 からなる．x_1 は 0 から 1 まで 50 分割し，生成した．x_2 は $\sin(5x_1 + 0.4)$ から生成した．x_1, x_2 を Min Max Normalization した後に，$x_3 = x_1 + x_2$ として生成した．目的変数 y は x_3 に平均値 0，標準偏差 0.001 のガウシアンノイズを加えて生成している[122]．更に説明変数，目的変数を規格化している（表 3.2 参照.）.

表 3.2 の観測データと問題 1C のワークフローを用いて，罰則項が無い線形回帰モデルを学習し回帰係数を求める．図 3.54 ② "Sample Data" ボタンを押すごとにデータインスタンス方向にシャッフルされたデータがワークフローに出力され，回帰が行われる．"Sample Data" ボタンを何度か押して，**罰則項が無い線形回帰**モデルで学習し，回帰性能と回帰係数を調べよ.

122) 生成 Python スクリプトを `python/Q1_C_make_x123.py` に置く.

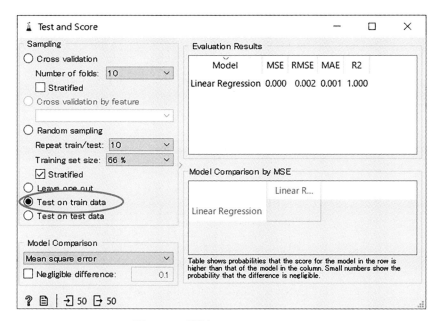

図 **3.55**　問題 1C Test and Score

表 **3.2**　データファイル data/x123_Orange.csv. δ は平均値 0，標準偏差 0.001 の
ガウシアンノイズ.

ファイル	data/x123_Orange.csv
データサイズ	50 データインスタンス，3 説明変数
説明変数	$x_1, x_2, x_3 = x_1 + x_2$
目的変数	$x_3 + \delta$

問題 1E

　表 3.2 の観測データと問題 1C のワークフローを用いて，リッジ回帰モデル
の回帰係数を求める．図 3.54 ② "Sample Data" ボタンを押すごとにデータイ
ンスタンス方向にシャッフルされたデータがワークフローに出力され，回帰が
行われる．"Sample Data" ボタンを何度か押して，"Regularization strength"
で "Alpha" を "0.0006" として，リッジ回帰モデルで学習し，回帰性能と回帰
係数を調べよ.

問題 1F

　表 3.2 の観測データと問題 1C のワークフローを用いて，Lasso の回帰係

数を求める．図 3.54 ② "Sample Data" ボタンを押すごとにデータインスタンス方向にシャッフルされたデータがワークフローに出力され，回帰が行われる．"Sample Data" ボタンを何度か押して，"Regularization strength" で "Alpha" を "0.0006" として，**Lasso** で学習し，回帰性能と回帰係数を調べよ．

_____

3.11 回答

問題 1A の回答

[Distributions] の "Variable" で "x5" を選択したウィンドウを図 3.56 を示す.
その他の変数についても各自可視化をして欲しい. Z-score Normalization を
行った後なので,横軸の各変数の値の範囲がほぼ同じになっていることを確
認してほしい.

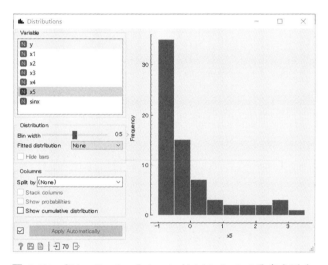

図 3.56 [Distributions] ウィンドウにて x5 の分布を示す.

問題 1B の回答

回帰性能を図 3.57 に示す. 説明変数 sinx がなくても線形回帰モデルでほ
ぼ同じ回帰性能を持つ回帰モデルの学習ができることがわかる.

問題 1C の回答

図 3.53 のワークフローファイルを `workflow/Q1_C_data_sampler.ows` に
置く.

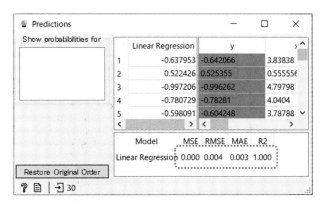

図 **3.57** 予測評価

問題 1D の回答

図 3.53 [Linear Regression] ③ をダブルクリックして図 3.58 ウィンドウを開く. 図 3.58 で "No reglarization" を選択する（図 3.58 ① を選択する.）.

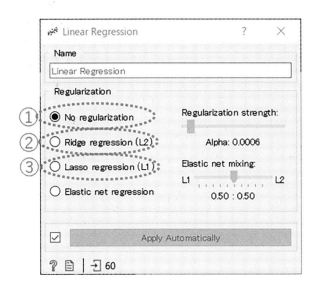

図 **3.58** 問題 1C Linear Regression

図 3.53 ⑤ [Data Table (1)] で回帰係数を見ると，幾つかの組の回帰係数が得られる．例を図 3.59 に置く．

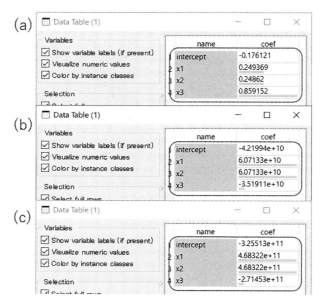

図 3.59　罰則項が無い線形回帰モデルの係数

これら全ての場合について [Test and Score]（図 3.55 ④）を確認すると R^2 は 1 であり，MSE，RMSE，MAE の値はほぼ 0 であることを確認できる．

データ収集時に $x_3 = x_1 + x_2$ と定義した．ここで β を導入して，

$$\beta x_3 + (1 - \beta)(x_1 + x_2)$$

と書き，β を幾つにとっても等価な式であることを考えるとこれらの回帰係数は間違いでは無い[123]．10^{10} もしくは 10^{11} という大きな β が図 3.59(b) と (c) では選ばれているということである．

一般に，説明変数間に（多重）共線性[124]がある場合は回帰係数が一意に決まらず，訓練セットの回帰性能は変わらないが回帰係数は符号を含めて大きく変化する．

問題 1E の回答

図 3.53 ③ [Linear Regression] で "Ridge" を選択する（図 3.58 ② を選択する）．"Regularization strength" を "0.0006" とする．係数値が一意に決まる．この場合の係数は毎回図 3.60 の値となる．リッジ回帰では説明変数間に（多重）共線性ある場合でも回帰係数が一意に求まる．

[123] 目的変数にガウシアンノイズが含まれるので x1 の係数と x2 の係数は厳密に一致しない．

[124] 変数の間に線形従属関係があること．$x3 = x1 + x2$ なので線形従属関係がある．

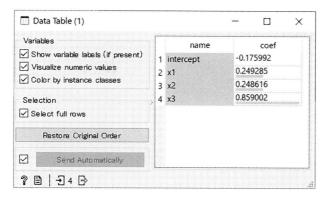

図 **3.60**　リッジ回帰モデルの係数

問題 1F の回答

図 3.53 ③ [Linear Regression] で "Lasso" を選択する（図 3.58 ③ を選択する）．"Regularization strength" を "0.0006" とする．係数値が一意に決まる．この場合は係数は図 3.61 の値となる．Lasso では説明変数間に共線性もしくは多重共線性）がある場合でも回帰係数が一意に求まる．

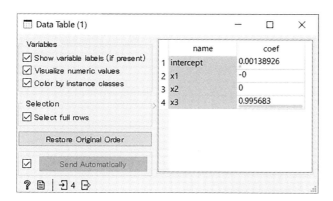

図 **3.61**　Lasso の線形モデルの係数

4 基礎：希土類コバルト二元合金のキュリー温度の予測回帰モデルの学習

前章では簡単な例により Orange の使い方とスパースモデリングの練習を行った．この章では具体的な物性データを用いて希土類コバルト二元合金のキュリー温度 (Tc) を目的変数とし線形回帰モデルを学習する．その際に Lasso を用いてスパースモデリングを行う．

希土類コバルト二元合金データは文献から収集した実験値から生成されている．3 章と異なる点は，目的変数 Tc を生成する法則がこの解析の範囲内では分からない点である[125]．

125）例えば，第一原理計算を用いても多くの物質で実験値と定量的に一致度が高いキュリー温度を求めることは容易ではない．

4.1 観測データと探索的データ解析

4.1.1 観測データとデータ加工

実験で観測される生データは物質を定義できる組成比を表す化学式と，X線解析などによる結晶構造[126]と，磁化の温度変化などから測定される目的変数 Tc から成る．これら化学式と結晶構造は，そのままでは説明変数に適さないためデータ加工を行う必要がある．Co は全物質共通であるので説明変数に適さない．i) 一方，希土類元素は物質により異なるので化学式に含まれる希土類元素の幾つかの特徴量を説明変数に加える．ii) 化学式が同じでも結晶構造が異なる物質を区別できるように，元素比でなく，結晶構造由来の元素密度と体積を説明変数に加える．

具体的にはデータ加工により，以下の説明変数を生成した．i) 希土類元素由来の説明変数は

126）結晶軸と結晶内部の原子位置と元素種類のこと．

- 希土類元素の原子番号 Z
- 希土類元素の電子配置と d5,f4
- 希土類元素の非相対論的なスピンと軌道角運動量期待値 S4f, L4f と相対論

的な角運動量期待値 J4f，スピンと軌道角運動量射影量 (g-1)J4f，(2-g)J4f
である．ii) 結晶構造由来の説明変数は

- 希土類元素の密度 C_R
- 遷移金属 (Co) の密度 C_T
- 原子当たりの体積 vol_per_atom

である．

以上のように生成した 60 データインスタンス，11 説明変数を持つ加工済
み観測データを data/ReCo_Tc_descriptor_Orange.csv に置く（表 4.1 参
照）．以下では，加工済み観測データも観測データとして表記して説明する．

4.1.2 観測データ理解のための探索的データ解析

新規ワークフローを作成する．

1. 図 4.1 で File メニューから ① New を選択すると，② タイトルと説明を
   入力するウィンドウが開くので，
2. ③ 必要に応じて入力する．入力しなくても回帰実行には全く影響がない
   のでメモ替わりに使用して欲しい．
3. 最後に ④ OK を押すと新たな Orange キャンバスウィンドウが開く．

図 4.2 のワークフローを作成する．ここで新規配置する ③[Feature Statis-
tics] はツールボックス Data カテゴリにある．

繰り返しになるが，以下の説明で部品は [ ] で囲って表記されることに注意
して欲しい．このワークフローの動作時の確認事項を以下で説明する．

表 **4.1** 希土類コバルト二元合金の観測データ

ファイル	data/ReCo_Tc_descriptor_Orange.csv
生データ	化学式，結晶構造
データ加工	i) 希土類元素をその特徴量に変換．
	ii) 結晶構造を結晶構造特徴量に変換．
データサイズ	60 データインスタンス，11 説明変数
説明変数	i) Z, f4, d5, L4f, S4f, J4f, (g-1)J4f, (2-g)J4f,
	ii) C_R, C_T, vol_per_atom
目的変数	磁気相転移温度（Tc）
メタデータ	化学式 (name)，結晶構造名 (polytype)，
	生データを取得した論文 (ref) と著者 (author)

図 **4.1** 新規ワークフローウィンドウ作成

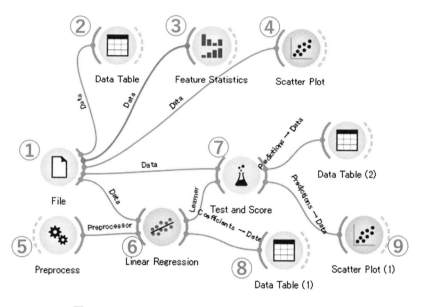

図 **4.2** ワークフロー：`workflow/Ch4_1_CV.ows`

1. 図 4.2 ① [File] から `data/RECo_Tc_descriptor_Orange.csv` を読み込み，

2. 図 4.2 ② [Data Table] で内容を確認するためにダブルクリックすると，ウィンドウ図 4.3 が開く．

　データの種別が列ごとに背景色で区別されている．図 4.3 では左から目的変数，メタデータ，説明変数の順である[127]．メタデータは回帰には関与しないが，ワークフロー上のデータには付加されてポート間を移動し可視化時のラベルとして利用できる[128]．メタデータは無くても回帰や可視化は行えるが，存在すると認識に便利である．

[127] 図 4.3 はモノクロ印刷だが，PC 画面上ではカラーで表示される．目的変数が灰色，メタデータが黄土色，白が説明変数である．

[128] メタデータはデータを説明するためのデータである．

図 **4.3** データ確認

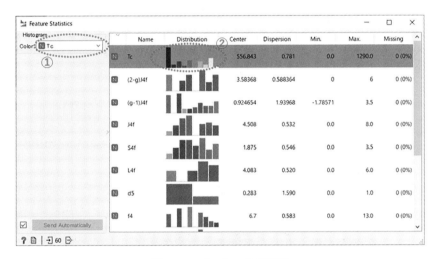

図 **4.4** データの統計解析

3. 3.3 節の図 3.21 と異なる形で，観測データの値の範囲やヒストグラムを確認する．図 4.2 ③ の [Feature Statistics] をダブルクリックすると図 4.4 ウィンドウが開く．

図 4.4 では目的変数と説明変数のそれぞれの数値分布 (Distribution)，平均値 (Center)，分散 (Dispersion)，最小値 (Min.)，最大値 (Max.)，値が無いデータ数の割合 (Missing) が表示される．図 4.4 ① "Histogram"の "Color" で選んだ変数に対して，図 4.4 ② "Distribution"で Orange 画面では青から黄色へ向けて[129] 昇順にカラーマップで表示されるので，例えば，図 4.4 ① "Histogram" で "Color" で Tc を選ぶと，Tc の大きさ順にカラーマップ表示

129) バージョンによって色使いは変わるかもしれない．

される．

　この色使いを参考にして説明変数の中から単調に変化する説明変数を探してみる．図 4.4 の右側を最下部までスクロールし，C_T, C_R の分布を見ると，② の Tc と同順，または逆順の色で表示されている[130]．C_T と Tc もしくは C_R と Tc とが高い相関・逆相関があることがこの時点で分かる[131]．この知見を図 4.2 ④ [Scatter Plot] で "Axis x" を C_R，"Axis y" を Tc としたグラフで確認できる（図 4.5 参照）．ここには示さないが，各自 C_T 対 Tc の図も表示して欲しい．

130) 説明変数非選択時の背景は白色で，同色の白色も分布表示に用いられているので，クリックして選択状態にして背景を青色にした方が見やすいかもしれない．

131) 定性的にである．

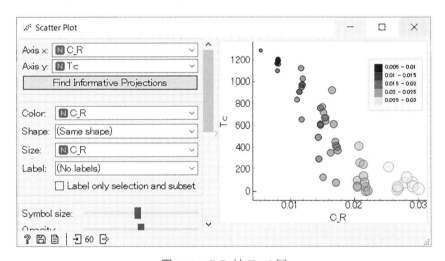

図 **4.5**　C_R 対 Tc の図

　観測データをもう少し深く理解したい．これには [Data Table] で見たメタデータを利用できる．多くの物質結晶は結晶構造名[132]により区別されており，このデータにも構造名である polytype カラムがある．図 4.6 では

132) 専門分野外の人には意味が分からないかもしれないが，その専門分野で名前をつけるだけの価値があるということである．

133) Orange 上では Na Zn13, Th2Ni17, Th217, Gd2Co7 と表される．他の構造も Orange 上では下付き文字は通常文字として表される．

1. 図 4.2 ④ [Scatter Plot] をダブルクリックし，ウィンドウを開く．
2. "Axis x" を "Z"，"Axis y" を "Tc" に選び，"Color" を "polytype"，"Shape" を "polytype" に選んだ．

図 4.6 から読み取れることは，まず，高 Tc では polytype で Tc がほぼ決まっている．Tc の高い polytype 順に，$NaZn_{13}$, Th_2Ni_{17} 構造，Th_2Zn_{17} 構造，Gd_2Co_7 構造である[133]．ある程度のデータインスタンス数があり，Tc の低い polytype では Z の中央付近がもっとも高い Tc を持つ．例えば，PuNi3 構造

134) Sm 元素.

135) Gd 元素.

136) そのために説明変数に希土類元素とCo元素の数密度比であるC_R,C_Tを入れている.

137) 測定の間違い，測定時の物質同定の間違い，論文などの資料から書き写し間違いなどが含まれる．しかし，有用な物質は研究が進むのでより良い物性値を持つことが多く，全体の傾向からずれることにもある.

138) データクレンジングと呼ぶ．恣意的なデータ除去を行ってはいけないことは言うまでもない.

139) Human-in-the-loop.

中では $Z=62$[134] が最も Tc が高い．また，Gd_2Co_7 構造，$MgCu_2$ 構造，Fe_3C 構造中ではそれぞれ $Z=64$[135] が最も Tc が高い．また，$CaCu_5$ 構造では多くの Z に対してなだらかに変化するが，$CeCo_5$ が下に，$SmCo_5$ が上に値がずれている．などが読み取れる．構造別に議論したが，むしろ希土類元素と遷移金属（Co）元素の比率に依存し，Co の割合が大きいほど Tc が高いとも思える[136]．

　この時点で，あまりに全体の傾向からずれている $CeCo_5$ と $SmCo_5$ は観測データの間違い[137] が疑われるので生データをそのまま用いずに修正・除去などの作業[138] を行った方が良いかもしれない．このためにも，データを取得した論文に誤りが無いか元データを再度調べるためにメタデータで参照元論文を記載することは有用である．しかし，今回はこの観測データをそのまま以下の解析でも用いる．

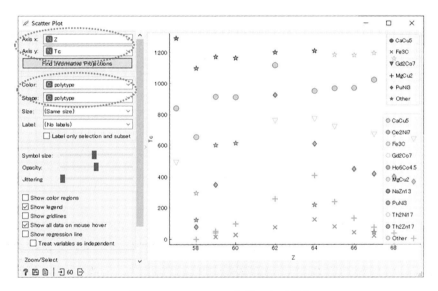

図 **4.6** メタデータを用いた可視化

　回帰を行う前に人間を介入させ，このような探索的データ解析を行うと，専門分野の知見を取り入れることができ，重要な説明変数のヒントを得ることができる．人間を参加させ機械学習のモデルを学習し解析することを人間参加型[139] 機械学習と呼び，この目的には容易に選択可能な GUI を持つ Orange には大きな優位性がある．

4.2 Lasso による線形回帰モデルの学習と予測性能の評価

次に，回帰モデルを学習し，予測性能を評価する．

1. 図 4.2 ⑤ の [Preprocess] で Z-score Normalization によるデータ規格化[140] を行う．

2. 回帰の設定を行うために，図 4.2 ⑥ をダブルクリックして図 4.7 を開く．

3. 図 4.7 の [Linear Regression] で ① "Lasso regression(L1)"，② "Regularization strength" で "Alpha" として "4" を採用してみる．

140) 設定は 図 3.38 と同じ.

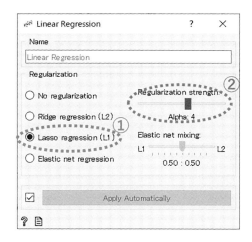

図 **4.7** 線形回帰 Lasso

5. 図 4.2 ⑦ の [Test and Score] をダブルクリックすると図 4.8 ウィンドウが開く．

6. 図 4.8 の設定は "Sampling" で "Cross validation"，"Number of folds"（分割数数) で "10" とする．

図 4.8 によると R^2 が 0.931 を示す回帰が行えている．
次に回帰係数を見る．

7. 図 4.2 ⑧ の [Data Table(1)] をダブルクリックすると回帰係数を示すウィンドウ，図 4.9 が開く．

4 つの変数の係数が 0 となった係数が示される．図 4.9 は交差検定の回帰モデルの係数でなく，データ規格化した全観測データを用いて学習した回帰モデルの回帰係数であることはもう説明するまでもないだろう．

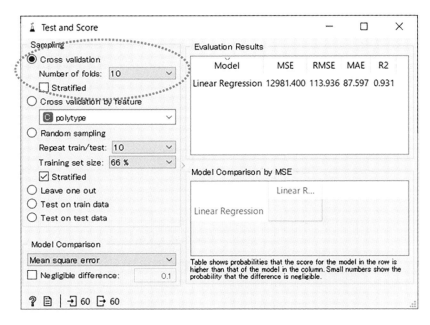

図 4.8　回帰評価指標

次に，交差検定でのテストセットの予測値を表示する[141]．

8. 図 4.2 ⑨ の [Scatter Plot] をダブルクリックして図 4.10 ウィンドウを開く．

9. 図 4.10 で "Axis x" で "Tc"，"Axis y" で Linear Regression を選択すると，目的変数値対予測値のグラフになり，

ある程度妥当な回帰を行えていることが視覚的に分かる．また，図 4.9 に示した通り，線形回帰モデルで幾つかの回帰係数が 0 になり，この観測データに対するスパースモデリングにも成功している．

更に，この R^2 より良い値を示す "Alpha" があるかもしれないので各自探してほしい．

1. 図 4.7 と 図 4.8 と図 4.9 が同時に見えるように配置して，

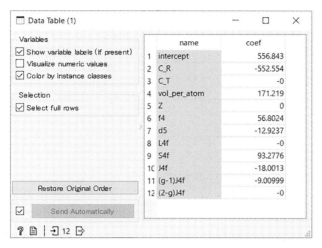

図 **4.9** 回帰結果：係数表示

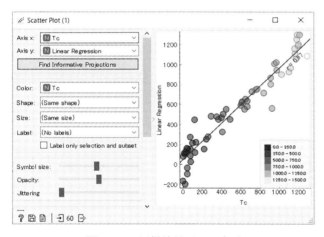

図 **4.10** 回帰結果グラフ表示

2. 図 4.7 ② ハイパーパラメータ "Alpha" を変更すると,

それが即座に回帰結果に反映されるので視覚的にも面白いと思う.

4.3 物質科学の視点からの回帰モデルの解釈

物質科学の問題として回帰モデル作成を行う場合は解釈もまた重要である.
線形回帰の利点の一つは, 目的変数と説明変数との多重相関関係を得られる

ため，係数から回帰の意味を考察しやすいことである．係数の絶対値が大きいほど，目的物理量への寄与は強いと解釈できる．更に Lasso によるスパースモデリングを行っているので回帰係数が 0 の変数は不要な説明変数として解析から除外できるので，より簡単な解釈が可能になる．

物質科学の知識があれば回帰係数から以下のような考察が可能であろう．

- C_R は Tc と負の相関がある．Re 濃度が小さいほど Tc が高い．スピンモデルを考えると物理的には Co のネットワークで Tc が決まっていると理解しやすいが，C_T でなく C_R が選ばれたのは結晶格子に関係した C_T に関する高次の効果を表しており，実際は C_T（Co の濃度）が多いほど Tc が高い傾向を示唆しているだけかもしれない．
- Volume_per_atom の係数が大きいのは，磁気体積効果との関連が示唆される．
- 多くの希土類遷移金属磁石で各遷移金属ごとに 4f に関して Tc と Gd をプロットすると，Gd で最大になる物質構造があったので，f4 と S4f の係数が大きいはその傾向を表しているのかもしれない．

図 4.4 では C_R と Tc の高い定性的な逆相関があったことを示した．図 4.6 で "Color" を "C_R" に "Size" を "C_R" に設定し，"Shape" を "(Same shape)" に，"Label" を "(No labels)" に設定し直す（図 4.11）．これで点のサイズが Tc の逆順の表示となる[142]．図 4.6 で見た polytype 構造の違いは，視認の範囲では実は C_R 値の違いと解釈した方が良いのかもしれない[143]．回帰式による定量的な数値の理解は重要であるが，物質科学ではこのような定性的

142) Orange を実行するとカラーで表示されるのでより分かりやすくなる．
143) C_T も試して欲しい．C_T よりも C_R の方が Tc の違いを反映しているように見える．

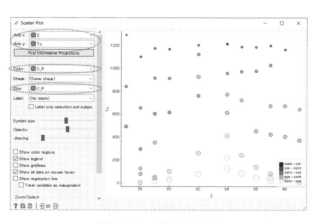

図 4.11 Z 対 Tc の図

な理解もまた有用である.

　最後に, 観測データインスタンス数が少ないので観測データが増えると回帰係数が変わり, 解釈も変わるかもしれず, 更に, 回帰モデルの解析の結果は Tc の機構に関する仮説を築くための一つのヒントを与えくれたに過ぎないことにも留意しておこう[144].

4.4　探索的データ解析

　図 4.10 では予測値が観測値と大きく異なる点, つまり外れ値, があった. Orange では GUI でこれを選択しどのようなデータインスタンス (物質) なのか確認, 解析することが簡単にできる. ワークフロー図 4.12 を作成し以下で解析していく. ここで用いる [Select Rows] はツールボックス Data カテゴリに, [FreeViz] はツールボックス Visualize カテゴリから選択できる.

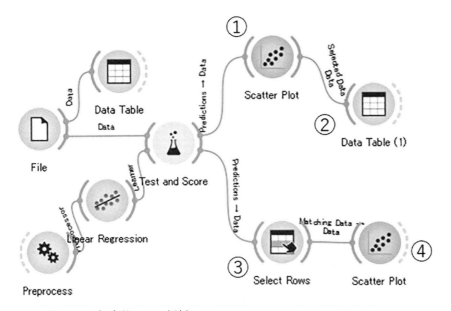

図 4.12 探索的データ解析ワークフロー：`workflow/Ch4_2_vis.ows`

　図 4.12 ① の [Scatter Plot] で, 予測値が観測値と大きく異なる図 4.13 の矢印の 4 点を選択してみた[145]. Shift キーを押しながらクリックで追加選択することで, 複数点の選択ができる. 選択された 4 データインスタンスが図

144) 例えば, 原子スケールのスピン理論からすると f4, 4f よりも (gJ-1)J4f が重要な説明変数であって欲しい.

145) [Scatter Plot] ウィンドウを選択した状態で, 点を選択せずに点の上にカーソルを置きしばらく待つとその点のデータインスタンスの詳細がポップアップで現れるが, ここでは多数のデータインスタンスを選択し, [Data Table] で見る.

4.12 の [Data Table]（図 4.14）に表示される．数が少ないが半分の二点は Ce を含む物質である．

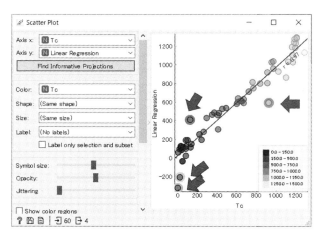

図 4.13　Tc 予測値が観測値と大きく異なる点を選択する．

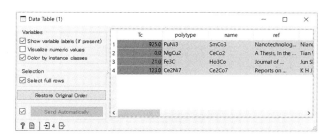

図 4.14　Tc 予測値が観測値と大きく異なるデータインスタンスの詳細．

　回帰モデル学習前に $CaCu_5$ 構造では $CeCo_5$ が全体の傾向からずれていたということを既に知っている．では，他の Ce を含む物質は Tc 予測値と実験値がどの程度異なるのだろうか，という疑問が起きる．Orange 内でそのような条件探索も GUI により可能である．Ce を含む物質を図 4.12 ③ [Select Rows] で選択し，これを実行する．Select Rows ウィンドウでは図 4.15 のように，条件式を書くことができる．

1. もし，"Condition" パネルに条件式を書くことができなければ，"Add condition" ボタンで追加する．追加しすぎた条件式枠は，見にくいが，右端

の "×" 印[146] を押すことで削除できる.

146) × の左半分しか表示されていないかもしれない.

2. Ce の原子番号 Z は 58 なので, "Condition" パネルに "Z" "equals" と選択し, 数値 "58" を記入する.

3. ウィンドウ左下で, 入力データ数 60 に対して出力データ数 6 と表示される. つまり, 条件式により, 6 件選択された.

このデータを図 4.12 ④ [Scatter Plot] で各自可視化してほしい. Tc 観測値が予測値と近い値を持つデータインスタンスもあることが分かる. この観測データの Ce が含まれる物質の 1/3 は予測値が観測値とずれが大きいことが分かる.

　Ce が 6 件しか無いので, このデータだけからは意味があるのか結論付けるのは危険だろう. しかし, 物質科学の知識によると Ce は結晶中で+3 もしくは+4 の価数をとり[147], Ce 原子 f 電子のスピンの大きさが価数で異なり, 理論的な Tc 予測値も異なることが知られている. このため, Ce を含む物質で外れ値が出ること自体は物質科学者にとっては奇異な結果ではないだろう.

147) 価数揺動と呼ぶ. Sm も価数揺動する希土類元素である.

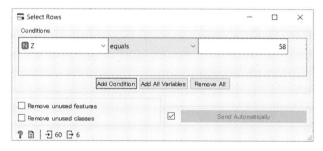

図 4.15　Ce 元素を含む物質を選択する.

　以上の解析結果は, 物質科学の知識があると予想ができることではあるが, データの可視化だけにより容易に発見することができた[148]. Python でもプログラミングすることで使用可能な対話的な可視化が可能な bokeh や plotly などは存在するが, Orange と同等の GUI 選択プログラムを自分でプログラミングすることは Python の初心者には難しい. Orange は可視化が得意であり探索的データ解析に非常に役に立つ[149].

148) 逆に, データから見出された "法則" の背後にありそうな意味を考え, 真の法則に近づけるのも物質科学の知識がある人だけである.

149) 小中規模データに対して役に立つ, というのが正直な表現である. 大規模データでは異なるアプローチが必要になる.

4.5　演習問題 2

問題 2A

　本章では回帰モデル学習と探索的データ解析の順序が前後したが，探索的データ解析は回帰モデルの学習前に行った方が良い．高 Tc を持つ物質の説明変数空間を可視化するために，図 4.16 のワークフローを作成せよ．[Distributions] で高 Tc と領域と全 Tc 領域を選択して [FreeViz] で可視化せよ．

図 **4.16**　観測データ Tc のある領域を選択して可視化するワークフロー

問題 2B

　学習した回帰モデルに対し，ある説明変数の寄与を，ランダムに並び替えることで除き回帰性能を評価する．図 4.2 を元に，[Select Columns] と [Merge Data] を用いて図 4.17 のワークフローを作成し，以下の手順に従いワークフローを操作せよ．

　ワークフロー図 4.17 ② と ③ にある [Select Columns] は列（説明変数や目的変数）を選択することができる部品である．まず，② を操作する．ワークフロー図 4.17 ② をダブルクリックしてウインドウを開くと右側に "features"，"Target variables"，"Meta Attributes" が表示される（図 4.18 参照）．

　こにウィンドウで以下のようにして "Features" から "C_R" を除く．

1. 図 4.18(a) で右側 ① の "C_R" をクリックして選択する．
2. 図 4.18(a) ② が "<" に変化したので，これを押すと，

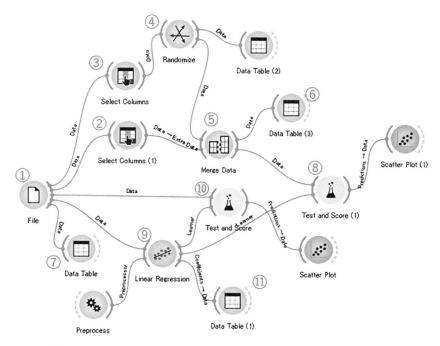

図 **4.17**　permutation importance 重要性を計算するワークフロー

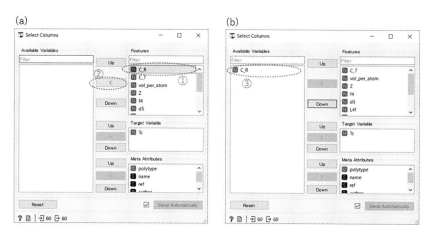

図 **4.18**　[Select Columns] にて "C_R" のみ非選択する過程

3. 図 4.18(b) ③ に "C_R" が移動する.
4. 逆にワークフロー図 4.17 ③ では図 4.19 のように "C_R" のみを Features に残す.

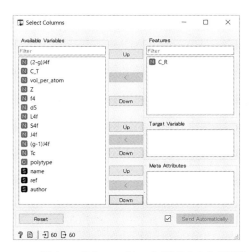

図 4.19　[Select Columns] にて "C_R" のみ選択した.

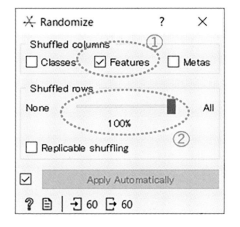

図 4.20　Randomize 部品

　そして，以下の操作で "C_R" のみデータインスタンス方向（列方向）にランダムに順序を入れ替える.

5. 図 4.17 ④ [Randomize] をダブルクリックしてウインドウを開く（図 4.20 参照）.

6. 図 4.20 ① の "Shuffled columns" で "Features" を選択

7. 図 4.20 ② の "Shuffled rows" で "100%" になるようにスライダーを動かす.

　図 4.17 ② と ③ で二つに分けたデータを以下の操作で再び一つに結合する.

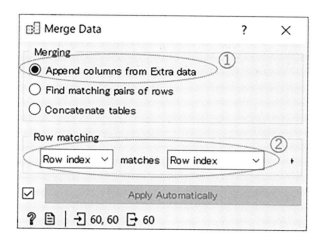

図 4.21 データ結合

8. 図4.17⑤をダブルクリックして [Merge Data] ウインドウを開く（図4.21 参照）.

9. 図4.21①の "Merging" で "Append columns from Extra data" を選択する.

10. 図4.21②の "Row matching" で "Row index" matches "Row index" を選択する.

問題 2C

以上でC_Rだけ列方向にランダムに順序を入れ替えたデータが図4.17⑤の出力ポートに出力される. 図4.17⑥ [Data Table(3)] のC_R列と, 図4.17⑦ [Data Table] のC_R列とを見比べてC_R行の数値が変わっていることを確認せよ.

問題 2D

更に [Preprocess] でZ-score Normalization を選び, 罰則項が無い線形回帰と10回交差検定を用いて, 元データの R^2 と, 説明変数C_Rの順序をランダムに入れ替えたデータの R^2 を求め, それらの差 ΔR^2 を求めよ.

問題 2E

ΔR^2 を説明変数 C_T, vol_per_atom, S4f に対しても求めよ. また, Lasso (Alpha=4) の場合, リッジ回帰 (Alpha=0.05) の場合にも行え. 各線形回帰の R^2 と係数と比較せよ.

4.6 回答

問題 2A の回答

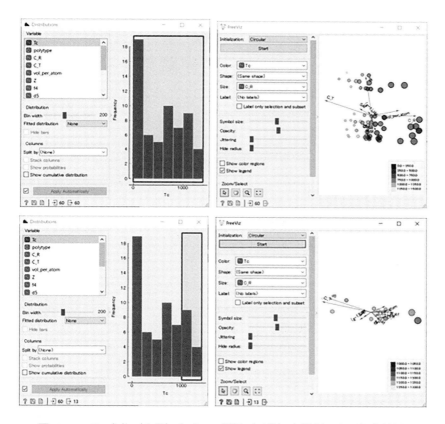

図 **4.22** Tc 全体（上段）と高 Tc 領域（下段）を選択した可視化結果.

ワークフローを `workflow/Q2_A_vis` に置く.

図 4.22 に，例えば，Tc 全体（上段）と高 Tc 領域（下段）を選択した場合の [Distributions] と [FreeViz] を記す．[Distributions] において，複数の bin の選択には，Orange で青く表示される bin を範囲選択するか，Shift キーを押しながら追加選択することで行える．

[FreeViz] ウィンドウでは左上の [Start] を押すとデータインスタンスがなるべく分離して見えるように二次元に配置される．この図では "Color" で "Tc",

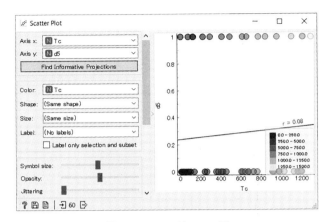

図 **4.23**　Tc 対 d5 の図

"Size" で "C_R" を選択している．Tc 全体を選択した場合（上段）では Tc の
C_T，C_R，vol_per_atom 依存性が高いように見える．また，縦方向に d5 の
軸が見える．これを更に可視化し，確認するために，図 4.23 に Tc 対 d5 の
図を示した．Tc と d5 は直接の関係性は低いように見える．d5 は 0 か 1 かの
値を持ち値の分離度が高いので図 4.22 でも分離して見えているというだけか
もしれない．高 Tc 領域を選択した場合（下段）では多くの軸が重なり判別
しにくいが，Tc の C_T 依存性が高いように見える．また，d5 は C_T とほぼ
同じ角度の軸になっている．図 4.23 の Tc と d5 の間関係だけでは理解でき
ないが，d5 を含めた多変数を用いて低 Tc と高 Tc 領域を切り替えるために
Lasso で d5 が選択されたのかもしれない．更なる解析が必要だが，このよう
なことも回帰モデルの解釈に活かすことができるだろう．

問題 2B の回答

　`workflow/Q2_B_permutation_importance.ows` にワークフローファイル
を置く．

問題 2C の回答

　図 4.17 ⑥ [Data Table (2)] と，元データの図 4.17 ⑦ [Data Table (3)] の比
較図を図 4.24 に示す．

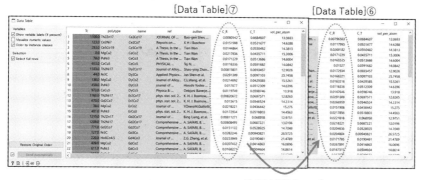

並びが変わった。

図 **4.24**　permutation による C_R の変化

問題 2D の回答

　罰則項が無い線形回帰によるモデル学習を行うには図 4.17 ⑨ の "Regularization" で "No regularization" を選択する．10 回交差検定を用いて元データの R^2 を計算するには図 4.17 ⑩ の "Cross valition"，"Number of folds"："10" を選択する[150]．$R^2=0.939$ である[151]．

　Feature C_R の順序をランダムに入れ替えたデータの R^2 を計算するには図 4.17 ⑧ の "Cross valition"，"Number of folds:" "10" を選択する．$R^2=0.880$ である．

　両者の差 $\Delta R^2 = 0.059$ である．このようにして求めた説明変数重要性を **permutation importance** と呼ぶ[152]．ΔR^2 が大きいほどその説明変数が重要であることを表す．

問題 2E の回答

　表 4.2 に ΔR^2 をまとめる[153]．マイナスになっている数値は，乱数を用いた 10 回交差検定を行った場合に標準偏差分の誤差があるはずだが平均値のみを示していることが一因である．

　それぞれの線形回帰の係数は図 4.17 ⑪ で確認できる．表 4.3 に線形回帰係数をまとめる．リッジ回帰では回帰係数の自乗和の罰則項があるため，係数の大きさの差は少なくなる．しかし，罰則項がない場合の結果に似ている．Lasso では C_T の回帰係数は 0 である．説明変数が多い場合は説明変数間で近似的な共線性を持つことが多い．例えば，ΔR^2(C_T) はとても小さい．こ

150) "Stratifeld" は選択してもしなくても計算結果は変わらない．
151) 交差検定は乱数の影響を受けるので値は変わるかもしれない．

152) 順序を変えて，ランダムに並び替えた説明変数で回帰モデルを学習して比較する方法もありうる．興味があれば更にワークフローを作成し解析を続けてみると良い．
153) 交差検定は乱数の影響を受けるので値は変わるかもしれない．

表 4.2 代表的な説明変数の ΔR^2 を示す.

R^2 or ΔR^2	罰則項なし	リッジ回帰	Lasso
R^2 最大	0.939	0.939	0.931
ΔR^2(C_R)	0.058	0.052	0.058
ΔR^2(C_T)	0.004	0.001	—
ΔR^2(vol_per_atom)	0.000	-0.001	0.000
ΔR^2(S4f)	0.023	0.020	0.028

表 4.3 代表的な説明変数の線形回帰係数を示す.

回帰係数	罰則項なし	リッジ回帰	Lasso
C_R	-855	-762	-552
C_T	-480	-325	0
vol_per_atom	-26.6	42.6	171
S4f	83.2	84.1	93.3

れは，C_T を用いない線形回帰で，他の説明変数の線形和で C_T を近似することができるということを示している．このため，各回帰で回帰係数が大きく異なるが，ΔR^2(C_T) がほぼ 0 であると思われる.

　これらは「ある一つの回帰モデル」で，ΔR^2 という重要性評価指標を定義した場合の結果である．回帰モデルは多くの近似モデルの一つであることを理解し，定義を行った上で議論を行えば，どれも適切な説明変数重要性である．また，この観測データは Co が必ず含まれる合金（Co 系）のみだが，Fe系，Mn 系，Cr 系などをデータに加えると回帰モデル自体が大きく変わりうるので説明変数重要性も大きく変わりうることを心に留めて欲しい.

5 基礎：単体元素基底状態結晶構造の予測

単体元素は基底状態で幾つかの結晶構造を持つ．代表的な構造は hcp(hexagonal closed packed) 構造，bcc(body centered cubic) 構造，fcc(face centered cubic) 構造である．本章では元素由来の説明変数を用いて，これら結晶構造の分類[154] モデル学習を行う．

154) 教師あり学習の分類 (classification) と教師なし学習のクラスタリング (clustering) と区別すること．

5.1 観測データとデータ加工

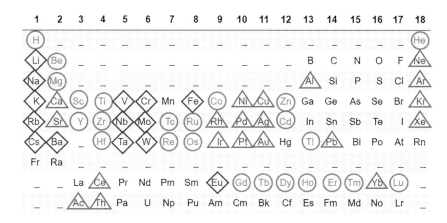

図 5.1 単体元素の構造

元素単体の結晶構造を 図 5.1 に示す．〇で囲まれた元素が hcp 構造，◇が bcc 構造，△が fcc 構造，無印はそれら以外の構造である．

生データは，元素名に対して各単体元素結晶の X 線実験などにより決定した結晶構造である．元素名は説明変数に適さないので単体元素は由来の以下

の説明変数にデータ加工した.

- 原子番号：Z
- 酸化数の最小値と最大値：min_oxidation_state, max_oxidation_state
- 元素の行と族（周期表の列番号;1 から 18）：row, group
- 価電子占有状態：s, p, d, f
- 原子半径（計算値）：atomic_radius_calculated
- 電気陰性度, イオン化エネルギー, 電子親和力：X, IP, EA

目的変数は構造（crystal_structure）であり

- hcp 構造
- fcc 構造
- bcc 構造
- misc（上記以外）

とする[155]．以上のように生成した, 103 データインスタンス, 13 説明変数を持つ, 加工済み観測データを data/mono_structure_descriptor_Orange.csv に置く（表 5.1 参照）．[Feature Statistics] などを用いて説明変数のスケールや可視化部品 [Scatter Plot] などを用いて説明変数間の関係を各自確認して欲しい.

5.2　ロジスティック回帰による分類モデルの学習と予測性能の評価

この問題をクロスバリデーションで分類モデルを学習し, 分類性能を評価するために図 5.2 のワークフローを作成する．[Logistic Regression] はツールボックス Model カテゴリ内に, [Confusion Matrix] はツールボックス Evaluate

表 **5.1**　単体元素基底状態結晶構造の観測データ

ファイル	data/mono_structure_descriptor_Orange.csv
生データ	各元素に対する結晶構造
データ加工	元素を元素特徴量に変換
データサイズ	103 データインスタンス, 13 説明変数
説明変数	Z, min_oxidation_state, max_oxidation_state, row, group, s, p, d, f, atomic_radius_calculated, X, IP, EA
目的変数	hcp, fcc, bcc, misc

カテゴリ内にある.

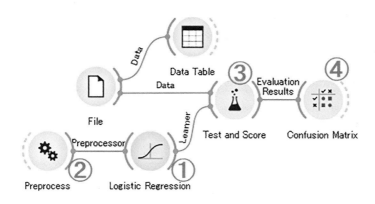

図 **5.2** ワークフロー：`workflow/Ch5_1_CV_cls.ows`

- 図 5.2 ① はロジスティック回帰 [Logistic Regression] が配置されている. [Linear Regression] と名前と部品アイコンの形が似ているので配置する際に注意されたい.
- 分類結果を表示する部品として [Confusion Matrix] ④ を配置している.

  動作確認をしながらこのワークフローを実行させるために以下の操作を行う.

1. データファイル `data/mono_structure_descriptor_Orange.csv` を [File] で読み込み,
2. まず, [Data Table] をダブルクリックして, データ内容を確認する (図 5.3).

図 5.3 では 1 列目から順に, 目的変数 (crystal structure), メタデータ (symbol), 3 列目以降に説明変数が並んでいるのが確認できる.

3. ワークフロー 図 5.2 ② の [Preprocess] では Z-score Normalization を行う (図 3.38 と同じ.).
4. ① [Logistic Regression] を開く (図5.4). 図5.4 ① 罰則項には "Lasso(L1)" を指定する (2.2.4 節式 (2.5) 参照). 図 5.4 ② ハイパーパラメータ "C" は, "7" に設定してみよう.

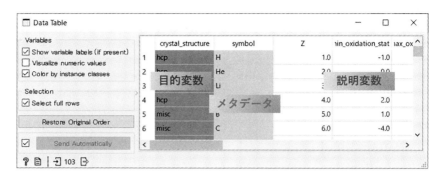

図 5.3 データ確認

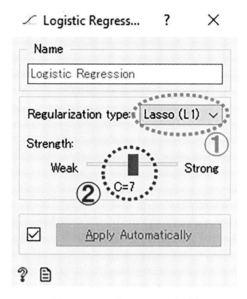

図 5.4 ロジスティック回帰

7. 図 5.2 ③ [Test and Score] ウインドウをダブルクリックで開く（図 5.5）.
図 5.5 ① "Sampling" では，左上点線で示すように "Cross validation" を
"10" に設定し，10 回交差検定とする．図 5.5 ② "Model Comparison" は
"Average over classes" を選択し，分類評価指標値の加重平均値を表示さ
せる.

分類性能は，例えば，CA=0.631 であることが分かる.

8. 図 5.2 ④ の [Confusion Matrix] をダブルクリックすると，混同行列[156]

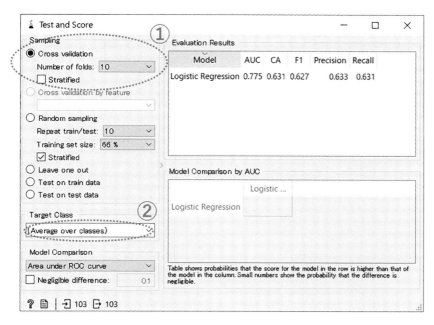

図 5.5 テストと評価（全体）

が表示される（図 5.6）.

　対角線上数値は，観測データ目的変数値が予測値に一致，すなわち正しく分類できたデータ数である．CA の値は $(8+7+15+35)/103 = 0.631$ と計算している[157]．非対角要素は誤って分類されたデータ数である.

[157] その他の数値は Actual と書かれた軸方向の数. 14, 20, 24, 45 で加重平均をとった分類評価指標である.

5.3　探索的データ解析

　[Data Table] を追加して誤分類データの探索的データ解析を行うワークフローを図 5.7 に記す.

1. [Confusion Matrix] のセルを選択すると，その選択データが部品右の出力ポートから出力される.
2. その出力を [Data Table] で受け取ると，[Confusion Matrix] での選択済みデータを表示できる.

このワークフローを用いて二つのウィンドウを同時にみながら解析を行う.

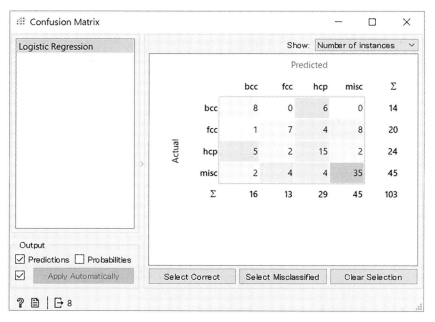

図 **5.6**　分類結果

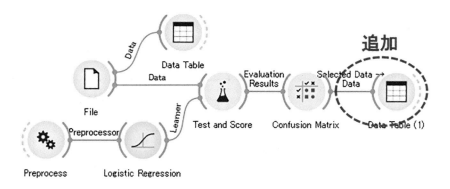

図 **5.7**　Data Table を追加したワークフロー：`workflow/Ch5_2_CV_table.ows`

図 5.8 は図 5.7 で [Confusion Matrix] と [Data Table] の両方を見えるように
表示した図である．図 5.8 において，[Confusion Matrix] の 3 行 2 列目は，
観測データ目的変数値は hcp だが（誤って）fcc と予測されたデータが二つ
あることを示している．このセルを選択すると，その右側に接続した [Data
Table] に該当するデータのみが出力される．二つのデータとは H と Cd であ
ることが分かる．他の [Confusion Matrix] のセルも選択して見てほしい．

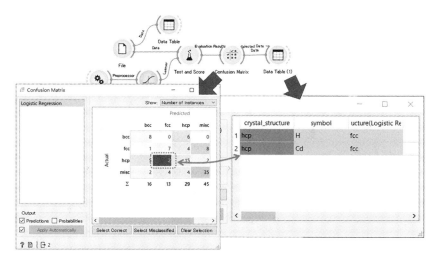

図 **5.8** 探索的データ解析

5.4 演習問題 3

問題 3A

[Discretize] を用いて連続目的変数を四つの離散目的変数に変換し，ロジスティック回帰モデルを学習する．[Discretize] はツールボックス Data カテゴリ内にある．図 5.9 のワークフローを作成し，以下の設定を実行せよ．

図 5.9 ② [Select Columns]，③ [Discretize] で目的変数だけを選択し離散化するデータ加工を行う．

1. 図 5.9 ① [File] では連続目的変数を持つデータファイル data/ReCo_Tc_descriptor_Orange.csv を読み込む．

2. 図 5.9 ② [Select Columns] を開く（図 5.10(a)）．図 5.10(a) のように "Target variable" として "Tc" だけを選択した状態にする．

3. 図 5.9 ④ [Discretize] を開く（図 5.11）．図 5.11 ① "Default Discretization" では "Equally-frequency discretization" の "4" を選択し，Tc を四分割する．

4. 図 5.11 ② で分割値である Indivisual Attributre Settings TC; 90.00, 545,00, 961.50 が表示されることを確認する．

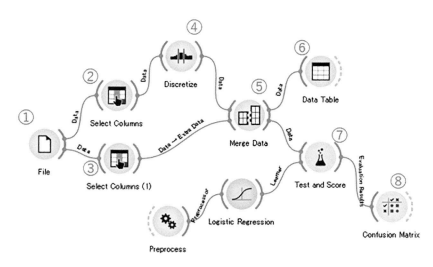

図 5.9　目的変数を離散化しロジスティック回帰モデルを学習するワークフロー．

　一方，図 5.9 ③ は説明変数を選択するだけで，データ加工はしない．

5. 図 5.9 ③ [Select Columns (1)] を開く．図 5.10(b) のように "Tc" を非選択とする[158]．

158) 右側パネルに入れずに，左側パネルに入れる．

なお，図 5.10 で，左下の "Reset" ボタンを押すと，Features, Target Variable, Meta Attributes に含まれる変数がリセットされる．おかしくなったと思った時には "Reset" を押していただきたい．

　図 5.9 ⑤ で ②–③ と ④ で分離したデータを再び結合するため以下の操作を行う．

6. 図 5.9 ⑤ [Merge Data] を開く（図 5.12）．

7. 図 5.12 ① "Append columns from Extra data" を選択する（"Concatenate tables" を選択しても良い）．

8. 図 5.12 ② "Row matching" で "Row Index" matches "Row index" を選択する．

問題 3B

図 5.9 ⑥ [Data Table] で目的変数 Tc が離散値になったことを確認せよ．

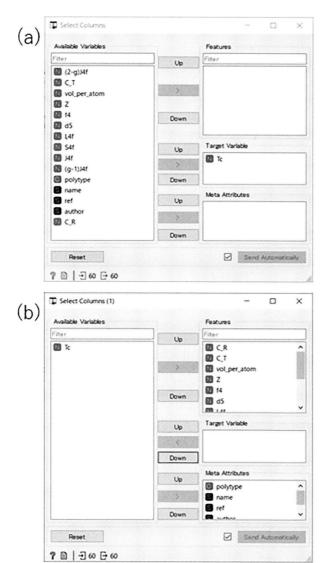

図 **5.10** Target variable のみ選択 (a)，非選択 (b)

問題 3C

図 5.9 のワークフローで Z-score Normalization によるデータ規格化を行い，L2 罰則項をつけた Logistic 回帰を C=5 で行い，10 回交差検定を用いた分類性能と混同行列を表示せよ．

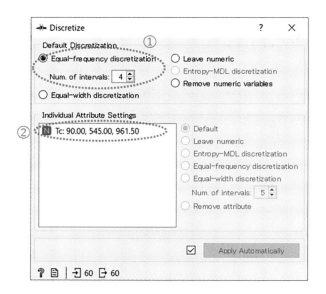

図 **5.11**　目的変数の離散化

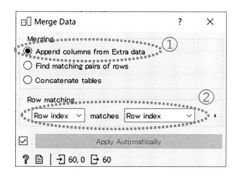

図 **5.12**　DataTable の結合

問題 3D

　図 5.9 のワークフローで Z-score Normalization によるデータ規格化を行い，目的変数を **2 分割**して，　L2 罰則項を持つ Logistic 回帰を C=5 で行い，10 回交差検定を用いた分類性能と混同行列を表示せよ．

問題 3E

　複数の分類モデルを持つワークフロー図 5.13 を作成せよ．手法の詳細を

説明していないが，分類モデルの ① [SVM] と ② [Random Forest] はツールボックス Model カテゴリにある．データファイル data/mono_structure_descriptor_Orange.csv を読み込み，[Test and Score] で 10 回交差検定を行い，各分類モデルの予測評価指標値を確認せよ．

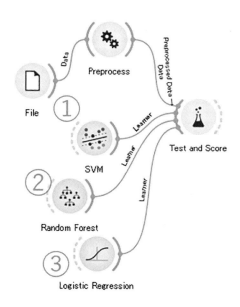

図 5.13　複数の Model を持つワークフロー

5.5　回答

問題 3A の回答

レポジトリをダウンロードしたディレクトリ下にあるファイル `workflow/Q3_A_discretize.ows` にワークフローを置いた．各自確認されたい．

問題 3B の回答

図 5.9 ⑥ を開いたウィンドウを図 5.14 に示す．

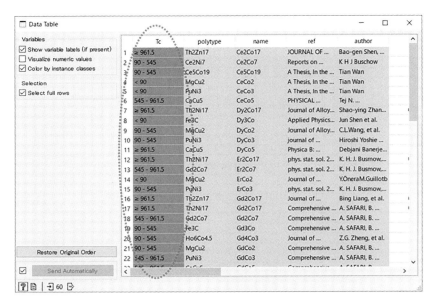

図 5.14　離散値化された Tc

Tc カラム（点線丸部分）で，$\geq$961.5, 90-545, . . . などと条件式で場合分けされた離散値となったことが分かる．

問題 3C の回答

図5.9 [Preprocess] の "Normalize Features" で "Standardize to $\mu=0$, $\sigma^2=1$" を選ぶ．図5.9 [Logistic Regression] の "Regularization type" を "Ridge(L2)"

に，"Strength"の"C"として"5"を選ぶ．

10回交差検定を用いた分類スコアは図 5.9 ⑦ [Test and Score] で表示される．"Cross validaion"，"Number of folds"："10"を選ぶ．分類性能を図 5.15 に示す．混同行列は図 5.9 の ⑧ [Confusion Matrix] で表示される．混同行列を図 5.16 に示す．

目的変数が連続値であっても目的変数値の全体を回帰しなくても，例えば，大きな目的変数値だけを予測できれば良い場合も多い．そのような場合に連続目的変数を離散化をして分類問題とする手法は有用である．

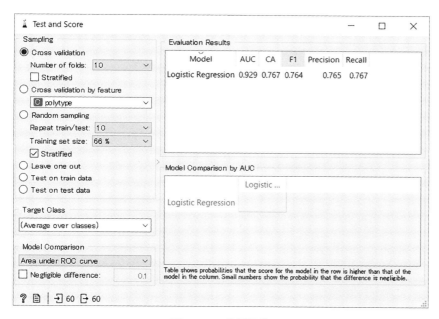

図 5.15 分類性能

問題 3D の回答

1. 図 5.9 ④ [Discretize] の'Equal-frequency discretization' で 2 を選ぶ．

おそらく Error encountered in wiget Merge Data' というウインドウが現れる．これは図 5.9 ⑤ [Merge Data] でエラーが起きたという意味である．このエラーから回復するために以下を行う．

2. "Ignore"を押す．

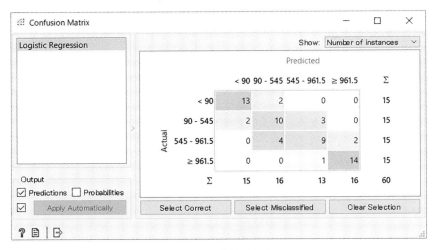

図 **5.16** 混同行列

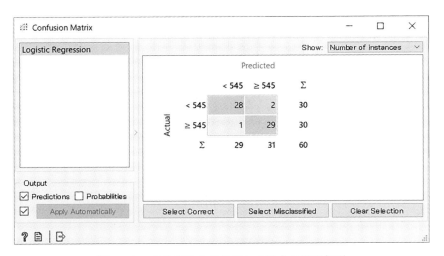

図 **5.17** 目的変数を二分割した場合の混同行列

3. [Merge Data] の "Row matching" で "Row index" matches "Row index" を選択し直すとエラーが消えるはずである.

混同行列を図 5.17 に示す.

問題 **3E** の回答

ワークフローを `workflow/Q3_E_many_models.ows` に置く. Z-score Normalization を行った [Test and Score] による評価指標値を図 5.18 に置く.

図 5.13 で用いた ①, ②, ③ の分類モデルの性能が図 5.18 ①, ②, ③ に表示される．この表示ではワークフローの表示順に分類モデルの性能が表示されているが，分類モデル並び方は変わりうるので注意して見て欲しい．この場合は Random forest が最も分類性能が高い分類モデルである[159]．

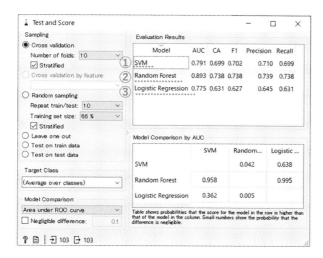

図 **5.18** 複数の Model を持つ場合の [Test and Score] の表示

[159] Logistic Regression では，Regularization type: Lasso(L1)，Strength C=5，SVM では，SVM Type: SVM，c=1，ϵ=0.1，Kernel: Polynomial，g=auto，c=10.0，d=2.0，Random forest では Basic Properties: Number of trees: 100，Growth Control：Do not split subsets smaller than 5 を選択している．

6 基礎：鉄結晶構造のクラスタリング

　本章の目的は，予測モデルの学習ではなく，結晶構造から作成した説明変数を用いて教師なし学習であるクラスタリングを行うことである．金属の結晶構造をその実空間原子配置から目視で判別することは，表示が単位格子でない場合には容易ではないことが多い．むしろ，波数空間の方が判別しやすいことを固体物理を学んだ人は知っているはずである．これは，炭素結晶構造は原子間結合[160]の違いを目視で認識できるのとは大きな違いである．一方，マテリアルズインフォマティクスで，原子分布由来の実空間の説明変数を用いた機械学習古典ポテンシャルによる全エネルギーの評価手法のための説明変数生成法はある程度確立している．本章では機械学習古典ポテンシャルで用いる簡単な説明変数を用い，機械学習手法で鉄結晶構造のクラスタリングを行う．

6.1 観測データとデータ加工

　鉄結晶各構造の観測生データは bcc，fcc，hcp 構造から微小変異を与えた二倍周期の結晶構造である．しかし，結晶構造そのままでは，説明変数として有用でないのはすでに何度か記載したとおりである．今回は実際に機械学習古典ポテンシャルの説明変数として用いられる Behler の対称関数を用いた変換手法により実空間の原子分布から説明変数を生成している[161]．このようにして生成した 21 データインスタンス，6 説明変数を持つ加工済み観測データを data/Fe2_descriptor_Orange.csv として置く（表 6.1 参照）．教師なし学習なので目的変数は存在しないが，メタデータとして答え合わせができる polytype を付加している．polytype は bcc，fcc，hcp を持つ．key は，例えば，polytype bcc の場合は，理想的な bcc 結晶構造を bcc とし，理想的な bcc 結晶構造に微小変位を与えてから説明変数に加工したデータインスタン

160) sp^n 結合や一部に欠陥を持つ sp^n 結合.

161) 二体対称性関数を用いている．更に興味がある方は参考文献の論文を参照されたい.

スには bcc_XX（XX には数字が入る）という名前を付けている．fcc, hcp 構
造も同様な名前を付けている．

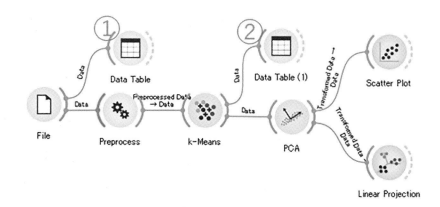

図 **6.1**　ワークフロー：`workflow/Ch6_1_kMeans_PCA.ows`

　説明変数空間の距離と結晶構造の類似性となんらかの関係性があると仮定
し，クラスタリング手法である k-Means 法を用いてこの問題を考える．この
問題に対するワークフローを 図 6.1 に示す．説明変数は 6 次元だが，可視
化のために 2 次元空間に変換する為に PCA を用いている．図 6.1 の二つの
[Data Table] を区別するために ①，② をつけた．
　まず，このワークフローでデータを確認する．

1. 図 6.1 [File] から加工済み観測データ `data/Fe2_descriptor_Orange.`
   `csv` を読み込む．
2. 図 6.1 ① [Data Table] を開き，中身を確認する（図 6.2）．1, 2 列目はメ
   タデータであり，3 列目以降に説明変数が並んでいる．目的変数は無い．

表 **6.1**　鉄結晶構造の観測データ

ファイル	`data/Fe2_descriptor_Orange.csv`
生データ	結晶構造
データ加工	原子分布を Behler の二体対称関数により変換
データサイズ	21 データインスタンス，6 説明変数
説明変数	a0.70_rp2.40, a0.70_rp3.00, a0.70_rp3.60,
	a0.70_rp4.20, a0.70_rp4.80, a0.70_rp5.40
メタデータ	polytype, key

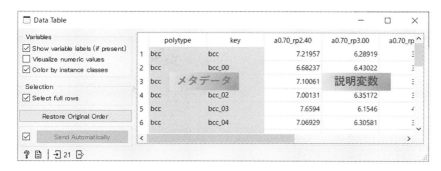

図 **6.2** データ確認

6.2 k-Means 法によるクラスタリング

以下でこのデータをクラスタリングする.

3. 読み込んだデータは図 6.1 [Preprocess][162] を経て,図 6.1[k-Means] への入力となる.

図 6.1[k-Means] は代表的なクラスタリング (clustering) アルゴリズムの一つであり,指定されたクラスター数になるように説明変数空間をクラスタリングする[163].図 6.1[Scatter Plot](二次元),[Linear Projection](多次元)で可視化を行っている.

4. 図 6.1[k-Means] をダブルクリックしてウィンドウを開く(図 6.3).

5. Orange の [k-Means] は賢く設計されており図 6.3 ①でクラスター数の範囲を指定し,自動的に最適なクラスター数を選択することができる.2次元から 5 次元の範囲内でクラスタリングを行うには図 6.3 では左上点線のように,"From" の前のラジオボタンを選択し,"From" で "2" "to" "5" を指定する.

6. クラスター数を変えてクラスタリングを行い,クラスターの凝集度と乖離度の指標である Silhouette Scores[164] が図 6.3 ウィンドウ右側の②に出力される.この値は大きい(1 に近い)ほどうまくクラスタリングされていることが多い.Silhouette Scores 最大値が自動的に青く選択され,出力ポートに出力される[165].

この数値が大きいほど適切にクラスタリングされている傾向があるが,最

162) データ規格化設定は図 3.38 と同じ Z-score Normalization を用いる.

163) 2.2.6 節参照.

164) シルエットスコア.

165) 別のクラスタ数の選択もできる.

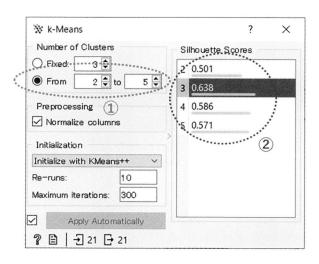

図 **6.3** k-Means 設定

適な数値でのクラスタリング数が“最適”，すなわち，クラスタリング結果がなんらかの意味をもたらすことは保証されない．なぜなら，もともと答えが無い“教師なし学習”の問題だからである．しかし，この例ではクラスター数 3 が Silhouette Scores 最大であり，三つの構造 (bcc，fcc，hcp) にクラスタリングされることを期待している問題内容に合致しているという意味で，良さそうなクラスタリング数である．以降では，実際に bcc，fcc，hcp に対応していることをメタデータを使った可視化で確認する．

	polytype	key	Cluster	Silhouette	a0.70_rp2.40	a0.70_rp3.00
1	bcc	bcc	C3	0.692362	-0.194357	1.20716
2	bcc	bcc_00	C3	0.625947	-1.27914	1.9527
3	bcc	bcc_01	C3	0.696442	-0.434575	1.38564
4	bcc	bcc_02	C3	0.687277	-0.635093	1.53773
5	bcc	bcc_03	C3	0.505899	0.693789	0.495652
6	bcc	bcc_04	C3	0.689115	-0.497826	1.29501
7	bcc	bcc_05	C3	0.685216	-0.129764	1.19448
8	fcc	fcc	C1	0.698974	-0.753157	-0.387523
9	fcc	fcc_00	C1	0.678595	-0.255867	-0.716449

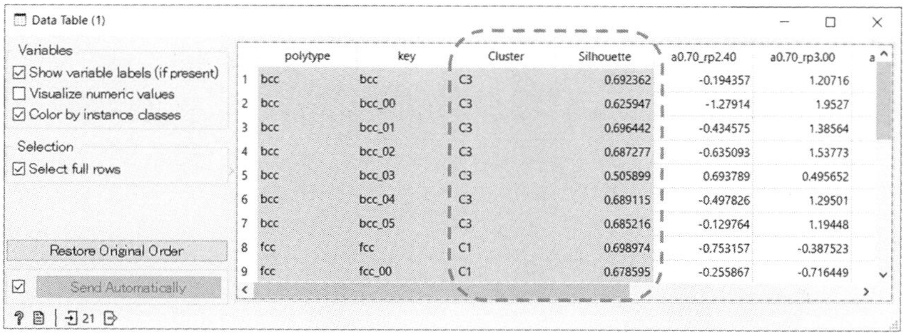

図 **6.4** [k-Means] からの出力 [Data Table] ②

図 6.1 [k-Means] からの出力データを図 6.4 に記す．メタデータとして Clus-

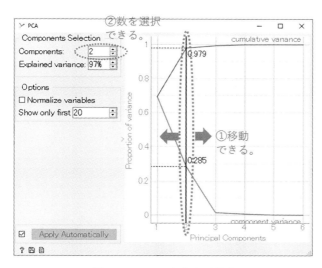

図 **6.5** PCA 出力次元決定

ter と Sihouette の二つのカラムが追加されている. Cluster カラムの C1, C2, C3 が各クラスターを示す. これを可視化して結果を確認したい.

しかし, 目的変数は六次元データであり, そのままでは [Scatter Plot] での可視化に適さないので, PCA を適用して二次元に次元圧縮する.

7. 図 6.1 の [PCA] を開く. 図 6.5 ① の右側パネルのグラフに表示される縦黒線を, 左右に動かして, 出力次元を決定する[166]. これを "2" とする.

こうして二次元に次元圧縮した結果を次の設定で [Scatter Plot] で描画する.

8. 図 6.1 をダブルクリックして開いたウィンドウ図 6.6 において ① "Axis x" と "Axis y" をそれぞれ "PC1"（PCA 第一主成分）, "PC2"（PCA 第二主成分）に設定し,

9. 図 6.6 ② の "Color" を "Cluster" として色分け表示する.

10. データ点ラベルには, 図 6.6 ③ の "Label" を "key[167]" とする.

11. クラスター領域を色付けるために図 6.6 ④ "Show color regions" を選ぶ.

12. 結果は図 6.6 右側パネルに表示され, データが三つの領域にクラスタリングされたことが色分け表示される. なお, 意味があるのは「色分け」なので, 色そのものは異なっていて構わない[168] ..

色分けと表示ラベル hcc_XX, fcc_XX, bcc_XX とが対応しており, 適切にク

166) 図 6.5 ② の "Components Selection" の "Components" の左の数値を直接選択することもできる.

167) key はメタデータである.

168) クラスタリング過程で乱数が入るので色分けは異なる可能性がある.

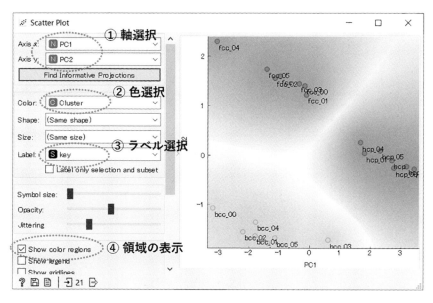

図 **6.6**　クラスタリング結果（二次元）

ラスタリングできたことが分かる.

　二次元ですでにクラスタリングできているのが分かったので不要ではあるが, Orange の機能を知るために [Linear Projection] を使って多次元データを可視化する.

12. まず, 図 6.1[PCA] のウィンドウ図 6.5 に戻り, 選択する次元数を 3 に変更する.

13. 図 6.1[Linear Projection] を開いたウィンドウ（図 6.7）の左上で, 描画に用いる変数を選択する. "PC1", "PC2" などにマウスを合わせると, "add" もしくは "remove" と表示される. "add" を押すとその変数が黒線の上に, "remove" を押すと黒線の下に移動する. 黒線よりも上に表示される変数が, 描画の対象となる.

14. "PC1", "PC2", "PC3" の三つの軸を選択した可視化図を図 6.7 右側に示す.

ここでは "Color" として "Cluster" を選択している. この図からもデータ空間が三つに分割されていることがわかる. 別の方向から見ようとしても残念ながら図を回転できないが, 適切なクラスタリングが行われたらしいことが確認できる.

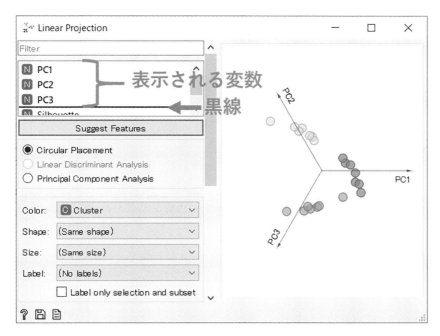

図 **6.7** クラスタリング結果表示（三次元）

6.3 階層クラスタリング

6.3.1 データインスタンス間距離と説明変数間距離

前節と同様に，説明変数空間の距離と結晶構造の類似性となんらかの関係性があると仮定するが，本節では階層クラスタリングと呼ばれる手法を行ってみる．観測データは，前節でも用いた bcc，fcc，hcp 構造分類データを用いる．

k-Means 法によるクラスタリングと階層クラスタリングの違いは 2.2.7 節で説明した通り，生成したクラスター間が独立であるか，系統的な関係があるかの違いである．後者の階層クラスタリングでは類似構造の順に構造を関係付けた樹形図を作成することで類似構造間の**階層的な**関係を可視化する．

類似度と距離については，2.2.5 節の繰り返しになるが，類似度の数学的な実装が距離である．各距離はある意味での類似性・非類似性を表した実装であり，各距離は全て同じ類似度・非類似度を表すわけでは無い．では，距離は何を選べばよいのだろうか．以下では，階層クラスタリング手法の紹介と

ともに，ある距離の定義 (Metric) を選択することである程度の物質科学の知見に合う形で階層クラスタリングが行えることを紹介する．

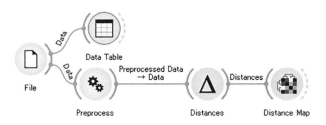

図 **6.8**　ワークフロー：`workflow/Ch6_3_distance.ows`

具体的な Data Table を見ながら話すために，まずワークフロー図 6.8 を作成する．

1. 図 6.8[File] ではデータファイル `data/Fe2_descriptor_Orange.csv` [169] を読み込む[170]．
2. 図 6.8[Preprocess] の設定は 図 3.38 と同じ Z-score Normalization とする．

ワークフローができたので，再び距離の説明に戻る．図 6.8[Data Table] をダブルクリックしてデータを表示する（図 6.9）．観測データはデータインスタンス × 説明変数という行列の形で与えられるのでデータインスタンス間の距離，説明変数間の距離と二通り考えられる．データインスタンス間の説明変数ベクトルの距離を計算するのが列方向の距離，説明変数間の距離を計算するのが列方向の距離である．本節ではこれら両方の距離で階層クラスタリングを行う．

6.3.2　データインスタンス間距離による階層クラスタリング

図 6.8[Distances] で行と列のどちらの方向で距離を計算するか指定する（図 6.10）．

3. 図 6.10 ① "Rows" を指定する．
4. 図 6.10 ② "Distance Metric" は距離の計算方法をしている．ここでは `Euclidean` を指定する．
5. 図 6.10 "Apply Automatically" をチェックしているとその計算結果は即座に [Distance Map] に送られる．

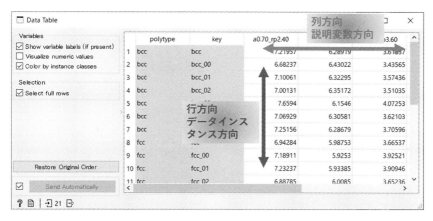

図 **6.9**　説明変数方向とデータインスタンス方向

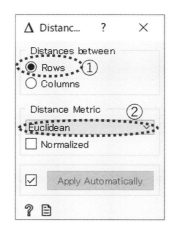

図 **6.10**　行間距離計算指定

6. 図 6.8[Distance Map] をダブルクリックすると，中央に距離を heatmap
　 表示した図，上と左に階層クラスタリングを表す樹形図が表される（図
　 6.11）．

著者の表示では，距離を heatmap 表示した図では，近い距離が暗い色（カ
ラー表示では青色），遠い距離が明るい色（黄色）で表示される[171]．

　上部および左部の樹形図は距離が近い順に枝が繋がっており，この並びに合
うようにデータインスタンスは並び替えられている．中央の距離を heatmap
表示した図でも，この並びに合うようにデータインスタンスの順序が並び替
えられている．対角線に沿って現れる三つの暗い（青い）長方形のブロックが

171）カラーマップは Colors で変更することができる．

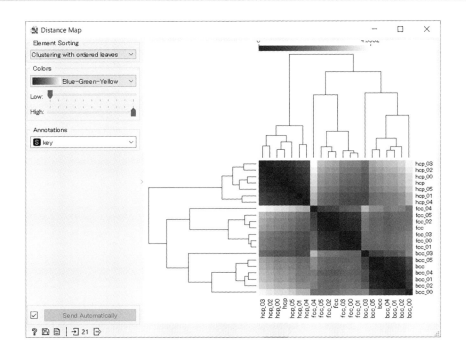

図 **6.11** データインスタンス間距離表示

それぞれ fcc，bcc，hcp に対応し，樹形図も上流で三つに交わっており，前章同様に適切にクラスタリングされていることが分かる．また，階層クラスタリングを行うと，どのデータインスタンスとどのデータインスタンスがどの程度の類似性を持つのが系統的な形で明確に理解できる利点を持つ．

▌6.3.3 説明変数間距離による階層クラスタリング

次に説明変数間距離を階層クラスタリングする．

1. 図 6.10 [Distances] に戻り，"Distances between" で "Columns" を選択すると，説明変数間距離表示 図 6.12 が得られる．

図 6.12 の左上から表示される a0.70_ep3.00，a0.70_rp5.40 の二つの説明変数は他の四つの説明変数との類似性は高くない，残りの四つの説明変数同士は距離が近い．つまり前者の二つの説明変数は後者の四つとは大きく異なる特徴を多く含んでいることが期待される．

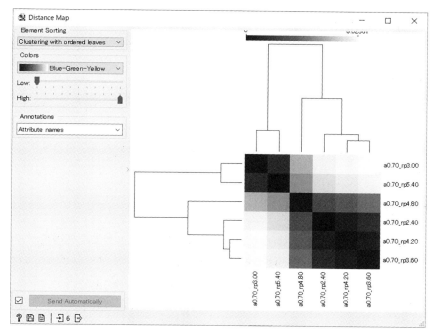

図 6.12 説明変数間距離表示

　説明変数の類似度は説明変数の設計，回帰後の解釈にも関わる部分であり，今は教師なし問題であるが，教師あり学習の回帰問題でも説明変数に関してこの解析が可能である．例えば，回帰性能があまりに低い場合は，類似度が高い，つまり距離が近い説明変数を増やしても，回帰性能をあげるのには役に立たないかもしれないという推測ができる．しかし，この予想が正しいかどうかは実際に回帰を行う必要があるし，類似度が高い説明変数を複数加えて，微小な観測データの変化に対する予測性能を上げることもあることを記しておく．

　本章では「距離」の計算手法を説明し，その結果を利用して階層クラスタリングを行った．データインスタンス間，もしくは，各説明変数間の類似度を評価することができる．ここでは説明しなかったが図 6.10 の "Distance Metric" で様々な距離を試すことができる．問題 5 では Euclidiean とは異なる距離を用いて階層クラスタリングを行なっているので合わせて参照してほしい．

6.4 演習問題 4

問題 4A

図 6.1 は k-Means 法によるクラスタリングを行ってから PCA により次元圧縮を行った．順序を変えて PCA を行ってから k-Means 法を行うワークフローを作成し，`data/Fe2_descriptor_Orange.csv` を読み込みクラスタリングを実行せよ．

問題 4B

表 6.2 の 3560 データインスタンス，15 説明変数ある炭素結晶構造データファイル `data/Carbon8_descriptor_all_Orange.csv` が用意されている．図 6.1 のワークフローを用いてこれを読み込み，k-Means クラスター数を 2，3，4，5 として PCA で二次元に次元圧縮し，[Scatter Plot] で表示せよ[172]．

172) 説明の都合で前後するが，炭素結晶構造データファイルに含まれる炭素結晶構造は問題 5C，図 6.20 で説明を行う．

表 6.2 炭素結晶構造の観測データ

ファイル	data/Carbon8_descriptor_all_Orange.csv
生データ	結晶構造
データ加工	原子分布を Behler の二体対称関数により変換
データサイズ	3560 データインスタンス，15 説明変数
説明変数	a0.25 rp1.0, $\cdots$, a1.0 rp3.0
メタデータ	構造 ID, polytype
ファイル	data/Carbon8_descriptor_Orange.csv
生データ	結晶構造
データ加工	原子分布を Behler の二体対称関数により変換
データサイズ	12 データインスタンス，15 説明変数
説明変数	a0.25 rp1.0, $\cdots$, a1.0 rp3.0
メタデータ	構造 ID, polytype

6.5 回答

問題 4A の回答

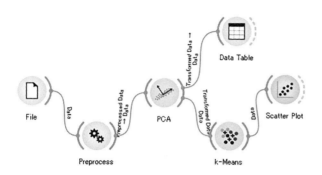

図 6.13 PCA を行ってから k-Means 法を行う：`workflow/Q4_A_PCA_kMeans.ows`

ワークフロー例を図 6.13 に置く．

PCA を用いて 2 次元に次元圧縮するために，図 6.13[PCA] を開き，図 6.14 のように "Components Selection" で "Components"："2" とする．もしくは，右側のパネルで黒縦線を動かし横軸の "Principal Components" を "2" とする．[PCA] の出力は "Transformed Data" とする[173]．図 6.13[Data Table] で出力を確認すると図 6.15 のように見える．白色のセルで表される説明変数が PC1 と PC2 のみであることを確認する[174]．なお，[PCA] の出力を Data とすると PC1，PC2 はメタデータとして出力される．

[173] [PCA] での "Options" の "Normalize variables" はチェックしてもしなくても答えが同じになる．事前に [Preprocess] でデータに対して同じ操作を行ったからである．

[174] 黄土色のセルはメタデータである．

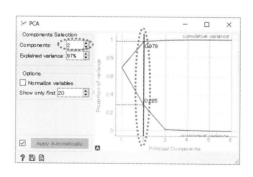

図 6.14 PCA の次元選択

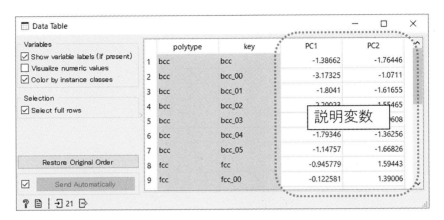

図 6.15　PCA で変換されたデータ

次に，図 6.13[k-Means] を開く．シルエットスコアによると 3 クラスター
が最適である（図 6.16 参照）．

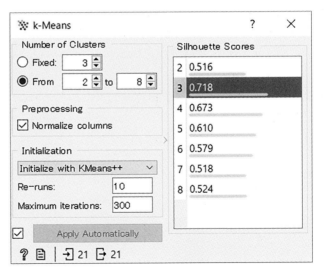

図 6.16　PCA で変換されたデータに k-Means 法を適用する．

最後に，[Scatter Plot] で図示しておく（図 6.17 参照）．図 6.17 によると
PCA と k-Means 法の順序が逆でもうまくクラスタリングが行えたことが分

かる.

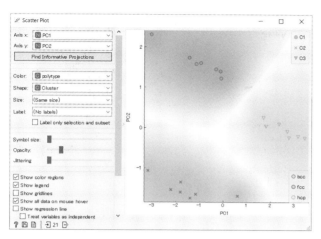

図 **6.17**　k-Means 法でクラスタリングしたデータを可視化する.

問題 **4B** の回答

このデータは炭素原子の環境を表しており, 今用いた説明変数空間では異方的な分布を示す. 原子環境は大まかには sp, sp^2, sp^3 結合を持つ構造と欠陥を持つ構造の 4 通りから成り, 図 6.18(a) 各点線がその分布を表す. 一方, k-Means 法で 2, 3, 4, 5 クラスターでクラスタリングした結果を図 6.18(b) に示す.

シルエットスコアでは 4 クラスターが最良であるが, 図 6.18(b) 図を見るとクラスタリングが不適切なことは明白である. このクラスタリングの失敗の原因は 2.2.7 節で説明した通り k-Means 法が等方的クラスタリングを行うが, 一方データは説明変数空間で異方的に分布していることによる[175].

175) PC1 と PC2 の値の範囲が異なることに注意せよ. 異方的分布をクラスタリングする手法には, 例えば, ガウス混合法がある.

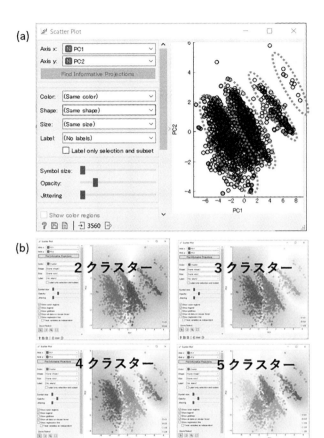

図 **6.18**　(a) 炭素結晶構造の説明変数空間での分布と (b)k-Means 法クラスタリング
結果

6.6 演習問題5

問題5A

図 6.8 を修正し，[Distance Matrix] を追加して図 6.19 のワークフローを作成せよ．

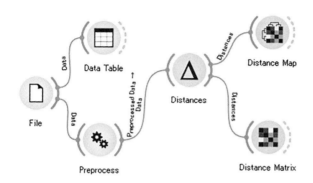

図 6.19 [Distance Matrix] を追加した階層クラスタリングを行うワークフロー.

問題5B

希土類コバルト二元合金のデータファイル data/ReCo_Tc_descriptor_Orange.csv を読み込み，距離を Absolute Pearson として説明変数間の階層クラスタリングを行い表示せよ．なお，cov(X,Y) は X と Y の共分散，X と Y の標準偏差を σ_X, σ_Y として，Pearson（Pearson 相関関数）は $\rho = \mathrm{cov}(X, Y)/(\sigma_X \sigma_y)$ であり，[Distance] での Absoute Pearson の距離定義は $\propto 1 - |\rho|$ である．

問題5C

12 データインスタンスを持つ炭素結晶構造データファイル data/carbon8_descriptor_Orange.csv は炭素8元素系で GRRM 法で構造探索を行った構造を，原子間相対距離から作成した説明変数とその構造の名前が含まれている．典型的な構造名とその像を図 6.20 に示す．

図 6.20 で 2D-XXX，3D-XXX はそれぞれ，2D，3D での構造探索で XXX

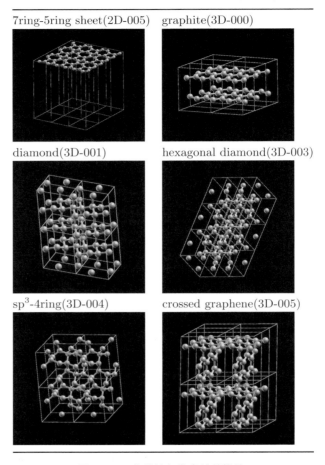

図 6.20　典型的な炭素結晶構造.

番目にエネルギーが低い構造である．polytype を同時に示している．平面構造には以下がある．graphite（グラファイト，3D-000）は六員環の層状構造で sp^2 結合のみから成り，層間長は長く弱く結合している 7ring-5ring sheet（2D-005）は七員環五員環からなる層状構造である．crossed graphene は層状構造が交わり 3 次元の格子を作る構造である．層状構造と大きく異なる構造は主として sp^3 構造からなる構造がある．diamond，hexagonal diamond と sp^3 構造と四員環からなる sp^3-4ring 構造がある．また，図 6.20 には無いが，polytype の graphene は graphine の単層構造，graphene2 は 2 層 graphene，graphene4 は 4 層 graphene である．なお，ここで用いた説明変数は短距離の

原子間距離から作成されており，層間の長さスケールをうまく記述できていない．

　図 6.19 のワークフローを用いて炭素結晶構造間の階層クラスタリングを行え．距離は Euclidean を用いよ．

───────────────

6.7　回答

問題 5A の回答

　`workflow/Q5_A_preprocess_distance.ows` にワークフローファイルを置く.

問題 5B の回答

　データファイル `data/ReCo_Tc_descriptor_Orange.csv` で説明変数間の距離を計算するには "Distance between"の "Columns"を選ぶ. "Distance Metric"は "Absolute Pearson"を選ぶ（図 6.21 参照）.

図 **6.21**　"Distances between"を "Columns", "Distance Metric"を "Absolute Pearson"とする.

　距離行列と階層クラスタリング結果を図 6.22 と図 6.23 に示す. vol_per_atom（原子あたりの体積）, C_T（遷移金属元素の数密度）, C_R（希土類元素の数密度）は構造から作成した特徴量である. その他は希土類元素から生成した特徴量である. Z（原子番号）と 4f（4f 電子配置）とは希土類元素の中ではほぼ同じ特徴量である. 相対論では J4f は歳差運動をしており, (g-1)J4f は J4f のスピン方向の射影量であり, (2-g)J4f は J4f の軌道方向の射影量である. この中では, (g-1)J4f と S4f と比較的高い相関を持ってほしい. そして, (2-g)J4f は L4f と比較的高い相関を持って欲しい. この知見が樹形図（図 6.23）に表

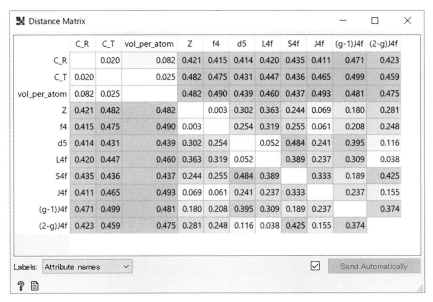

図 6.22　説明変数間の距離行列

せている．問題に対して適切な距離を選択して用いることで物理化学的な知見（専門家の感覚）と一致する樹形図が得られる．

問題 5C の回答

データインスタンス間距離を計算するには "Distane between" で "Rows" とする．"Distance Metric" は "Euclidean" を選ぶ（図 6.24）．階層クラスタリング結果 [Distance Map] を図 6.25 に表示する．図 6.25 では "Annotations" を "polytype" として構造名を示している．

図 6.25 でも最も近い距離で樹形図の枝が繋がっているのは graphite, graphene, graphene2, graphene4 である．これらは sp^2 構造の六員環のシート構造であり，説明変数が短距離であることを考えると理に適っている．

樹形図で graphite, graphene と次に似た構造は 7ring-5ring sheet である．樹形図でその次に似た構造は crossed graphene である．このように，層状構造と，層状構造から成る格子構造が一つのグループを作っている．一方，diamond, hexdiamond, sp^3_4ring は短距離で見ても三次元構造である．図 6.25 ではこれらがもう一つのグループを作っている．それら三つの構造の中で diamond と hexdiamond は比較的距離が近く，sp^3_4ring はそれらと比較

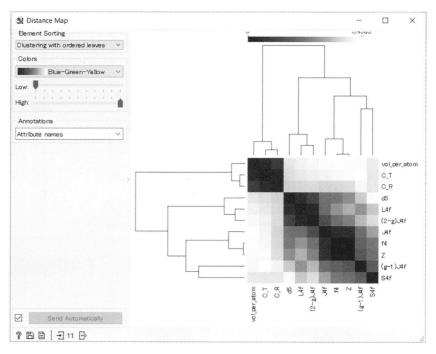

図 **6.23**　説明変数の階層クラスタリング

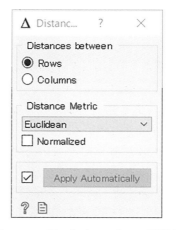

図 **6.24**　データインスタンス間距離

的遠く，これも物理化学的知見に一致する．

　　階層クラスタリングは人間との間の対話型のクラスタリング手法であり，距

離の定義[176]は解析者に委ねられている．ここで示したように，距離を適切

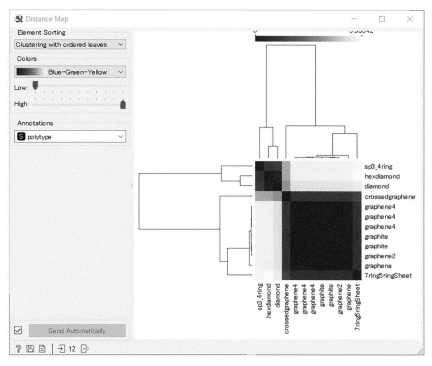

図 6.25 物質の階層クラスタリング

に選択することでデータ駆動による知見と量子化学の理論駆動の知識の間の
橋渡しを行うこともできる.

7 応用：文字分類モデルの学習 （文字認識）

Orange による科学的ワークフロー作成にもある程度慣れたと思う．本章からは応用編になる．これまで学んだことを更に大きなデータに対して適用する．

物質科学で物質の特性を調べるために，例えば，光学スペクトル[177] を観測することは一般的に行われる．この場合には，説明変数が物質名で，目的変数が光学スペクトルという観測データである．逆に，光学スペクトルが与えられれば，物質名が分かるだろうか．つまり，光学スペクトルが説明変数で目的変数が物質名である観測データで予測モデルがつくれるだろうか．本節では簡単な例で，この問題を行う．

大量のデータがすでに用意されているため，材料から離れて数字の手書き数字文字[178] を対象とする．文字は本来は二次元データであるが，簡単のため行をつないで一次元ベクトルとして取り扱うことにする．これで，上述のスペクトルデータの解析と同じ問題設定になる．更に簡単のため数字を 0–5 までに制限し，手書きの文字から数字の分類モデルを学習する[179]．

7.1 手書き文字の観測データ

7.1.1 観測データの取得

手書き文字は scikit-learn に含まれている MNIST 手書き文字プリセットデータを Python スクリプト（`python/Ch7_1_make_digits.py`）で取り出す[180]．

1. [Python Script] のみを配置した図 7.1 のワークフローを作成する．
2. 図 7.1 で [Python Script] をダブルクリックし，[Python Script] ウインド

177) 光学スペクトルはスペクトルデータ，もっと広義には，連続値のシーケンスデータ（連続的順序がある）である．データの連続順序の性質が設定される問題に影響を与えない場合はベクトルとして記述してもよい（連続順序の性質により，各次元のとる値は独立同分布条件の違反状況が生じる）．

178) MNIST の有名なデータであり多くの機械学習実習で用いられる．詳細は参考文献章を参照して欲しい．

179) 文字認識と呼ばれる．

180) Python 実行環境を別途持つ方はこの Python スクリプトを直接実行しても良い．

ウを開く（図 7.2 参照）.

3. もし，図 7.2(a) で ① "library" に何か表示されている場合はそれらをクリックして選択し，② "–" で消去する.

4. 図 7.2(b) の "Library" で ③ "More" の "Import Script from File" を選ぶ.

5. 各 OS のファイル選択画面が開くので，レポジトリをダウンロードしたディレクトリ下の `python/Ch7_1_make_digits.py` を選択する.

6. 図 7.3(a) ① にロードした Python Script 名が表示される. "Library" に `Ch7_1_make_digits.py` のみが表示されることを確認する. ② には Python Script の中身が表示される.

7. 図 7.3(a) ③ "Run" を押して Python Script を実行する.

図 **7.1**　Python Script を実行するワークフロー：`workflow/Ch7_1_Python.ows`

8. 図 7.3(b) ④ で示されたディレクトリに，図 7.3(b) ⑤ データファイル `digits100.csv`, `digits100+.csv`, `digits800.csv`, `digits800+.csv` が生成されたはずである. Exploler や Finder で確認して欲しい.

9. これら CSV ファイルを，レポジトリをダウンロードしたディレクトリ下の `data_generated/` に移動する.

コピーし終わると `data_generated/` ディレクトリには

```
data_generated/
├─digits100.csv
├─digits100+.csv
├─digits800.csv
└─digits800+.csv
```

との四つのファイルが存在するはずである. 生データは二元データだが，CSV ファイルは一次元データに加工した観測データである. 各データファイ

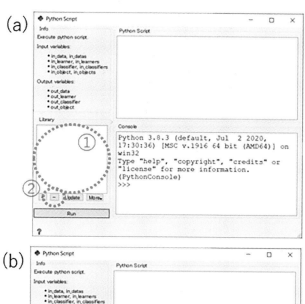

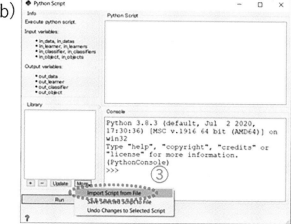

図 **7.2** Python Script の消去 (a) と読み込み (b)

表 **7.1** 手書き文字の観測データ. データインスタンスごとに Min-Max Normalization が行われている.

ファイル	data_generated/digits100.csv
データサイズ	100 データインスタンス, 64 説明変数
説明変数	一次元化した手書き文字
目的変数	数字 (0-5)
ファイル	data_generated/digits100+.csv
データサイズ	100 データインスタンス, 64 説明変数
説明変数	一次元化した手書き文字
目的変数	数字 (0-5)
コメント	data_generated/digits100.csv と data_generated/digits100+.csv とは重複が無い.

ファイル	data_generated/digits800.csv
データサイズ	800 データインスタンス，64 説明変数
説明変数	一次元化した手書き文字
目的変数	数字 (0-5)
ファイル	data_generated/digits800+.csv
データサイズ	283 データインスタンス，64 説明変数
説明変数	一次元化した手書き文字
目的変数	数字 (0-5)
コメント	data_generated/digits800.csv と data_generated/digits800+.csv とは重複が無い．

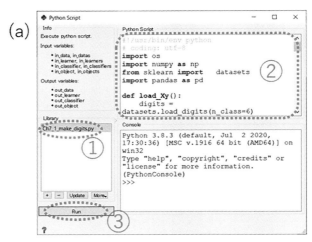

図 **7.3**　ロードされた Python Script(a) と実行 (b)

ルのデータインスタンスと説明変数は表 7.1 に記載した.

なお,MNIST 手書き文字プリセットデータは 1083 データインスタンスが
あるが,100 データインスタンスの小さなサイズの観測データを生成したの
は可視化時にラベル表示をうまく行うためである.

7.1.2 観測データの可視化

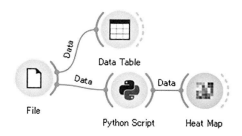

図 **7.4** データ画像確認ワークフロー:`workflow/Ch7_2_Image.ows`

次節からはこれらのデータを観測データとして用いるが,まず,それらがど
んな手書き文字か確認しよう.そのために図 7.4 のワークフローを用意する.

1. 図 7.4[File] では `data_generated/digits100.csv` を読み込み,
2. 図 7.4[Data Table] を開き,表形式のデータを確認する(図 7.5).

図 7.5 の各行が一つの手書き文字のデータインスタンスであり,1 列目が目
的変数(0 から 5),それに続く 64 列が説明変数であり,8×8 ピクセルの各
画素の明るさ(グレースケール)を一列に表している.

	y	0	1	2	3
1	0.0	0.0	0.0000	0.3125	0.8125
2	1.0	0.0	0.0000	0.0000	0.7500
3	2.0	0.0	0.0000	0.0000	0.2500
4	3.0	0.0	0.0000	0.4375	0.9375
5	4.0	0.0	0.0000	0.0000	0.0625
6	5.0	0.0	0.0000	0.7500	0.6250

Data Table
Variables
☑ Show variable labels (if present)
☐ Visualize numeric values
☑ Color by instance classes
Selection
☑ Select full rows
Restore Original Order
☑ Send Automatically
目的変数 説明変数
100

図 **7.5** データ確認

　　これを文字画像として表示するには一次元データを二次元に変換する必要があるが，Orange には用意されていない．そのため，足りない部品を Python で自作する．7.1.1 節の繰り返しになるが，[Python Script] の説明を再度行う．

3. 図 7.4 [Python Script] を開く（図 7.6）．

4. 何らかのスクリプトが既に設定されている場合は，図 7.6 ① 左下 "–" ボタンを押して削除する．

5. 続けて，図 7.6 ② "More" を押して開くメニューから "Import Script from File" を選択し，

6. ファイル選択画面で python/Ch7_2_select.py を選ぶと，Python Script 名が図 7.6 ③ に Script が ④ に表示される．

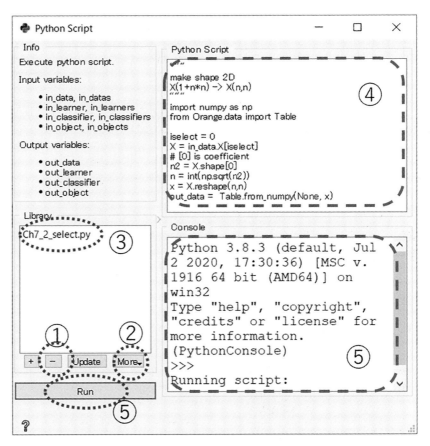

図 **7.6**　Python Script による実行

このスクリプトを以下にも記す.

```
1  import numpy as np
2  from Orange.data import Table
3
4  iselect = 0
5  X = in_data.X[iselect]
6  n2 = X.shape[0]
7  n = int(np.sqrt(n2))
8  x = X.reshape(n, n)
9  out_data =  Table.from_numpy(None, x)
```

スクリプト4行目の iselect = 0 で表示データを選択する. これは最初(0番目)のデータを表示することを指示している. データは100文字分あるので, iselect は 0 から 99 の範囲で変更できる.

7. 図 7.6 ⑤ "Run" ボタンでスクリプトが実行され,

8. 実行結果やエラーメッセージ(コンソール出力)がウィンドウ右側下半分(図 7.6 ⑥)に表示される.

9. Python スクリプトで二次元に変換されたデータは部品右側の出力ポートから出力され二次元データ可視化用の図 7.4[Heat Map] で可視化できる(図 7.7 参照).

[Data Table] の最初の行[181] は y=0 である. 一方, 図 7.7 は背景が白色, 手書き文字画像は背景が黒なので分かりにくいが中央に手書き文字の 0(ゼロ) が表示されている. 興味があれば上の Python Script で "iselect = 0" 行の右

181) Python コードはインデックスが 0 から始まるが, Orange の [Data Table] はインデックスが 1 から始まる点に注意せよ.

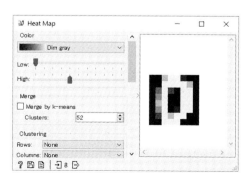

図 7.7 データ画像表示:最初の手書き文字データ 0

辺の数字を書き換えて他の文字を表示してみてほしい.

　以降ではこの scikit-learn から取得した観測データを生データと呼び，生データからの分類モデル学習と，次元圧縮により加工したデータからの分類モデル学習を行う．次元圧縮は PCA と多様体学習の t-SNE を用いる．2.2.6 節の説明の繰り返しになるが，PCA は大局的な構造が保たれ，一方，t-SNE は距離行列を用いる他に，局所構造しか保たれない変換を行うという違いがある．

7.2　全説明変数を用いた分類モデルの学習

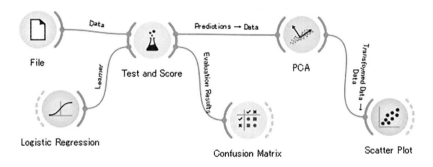

図 **7.8**　ロジスティック回帰による分類：`workflow/Ch7_3_CV.ows`

　前節で生成した 100 データインスタンス，64 説明変数の CSV ファイル `data_generated/digits100.csv` を読み込み，64 全説明変数を用いてロジスティック回帰を最初に行う．そのためのワークフローを図 7.8 に示す．ここで [PCA] は可視化のための次元削減であり，分類モデル学習には用いていないことに注意してほしい．

1. 図 7.8[Logistic Regression] は "Regularizaiton type" で "Lasso(L1)"，"C" で "80" を選ぶ．
2. 図 7.8[Test and Score] では 10 回交差検定に設定する．
3. 図 7.8[PCA] では出力次元を "2" に選ぶ．
4. 図 7.8[Scatter Plot] では "Axis x" で "PC1"，"Axis y" で "PC2" を選ぶ．

分類結果の図7.8[Confusion Matrix]を開き，図7.9に示す．三つの誤分類がある．また，[Scatter Plot]の結果を図7.10に置く．左側のコントロールペインをスクロールした下にある "Show color regions" のチェックをつけるとColor: 各領域で選択した境界が色分けして表示されて見やすい（色分け領域表示については図6.6④参照）．境界が入り乱れていることが分かる[182]．Color:"Logistic Regression"，Label:"y" と切り替えた表示でも各自見てほしい．また，図7.8[Test and Score]の回帰性能も各自みてほしい．

182) 分類モデル学習は64次元で行っているので二次元の表示では入り乱れているように見えるだけである．

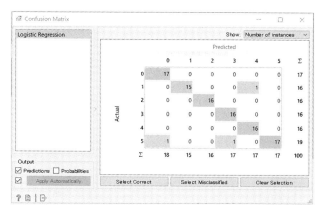

図 7.9 全説明変数を用いた場合の混同行列

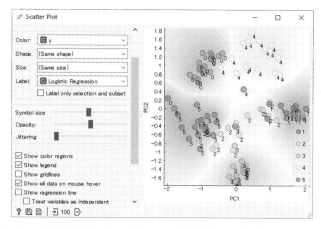

図 7.10 全説明変数を用いた場合の分類結果の二次元空間での可視化

7.3　PCAによる次元圧縮と分類モデルの学習

7.3.1　PCAによる次元圧縮と探索的データ解析

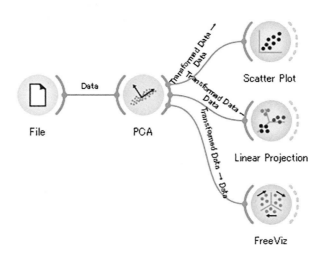

図 **7.11**　PCA後に可視化するワークフロー：`workflow/Ch7_4_PCA_vis.ows`

　前節では64個の全ての説明変数を用いて分類を行った．本節ではPCAを用いて次元圧縮をした後に分類を行う．その前に，まずは次元圧縮後の説明変数空間での可視化を行う．次元圧縮後の説明変数空間でそれぞれの文字が分離していれば分類がうまくできることが期待されるからである．

　データ可視化のために [File]，[PCA]，[Scatter Plot]，[Linear Projection]，[FreeViz] を配置した図7.11のワークフローを作成する．PCAの出力をTransformed Data として可視化部品と繋ぐことに注意して欲しい．

　まず，図7.11[PCA] の "Component Selection" で "Components:" "2" を選んで [Scatter Plot(1)] で "Axis x" として "PC1"，"Axis y" として "PC2" を選ぶと，図7.10とほぼ同じ図が得られる．つまり，境界が入り乱れており各数字の分離は良くないように見える．

　次にPCAで三次元に次元削減する．

1. 図7.11[PCA] の "Component Selection" で "Components:" "3" を選ぶ．

2. 図 7.11[Scatter Plot(1)] で "Axis x" として "PC1"，"Axis y" として "PC2" を選ぶ．（図 7.12(a)）

3. 色分け領域表示するには左側のコントロールペインの下方にある "Show color regions" のチェックを入れる．

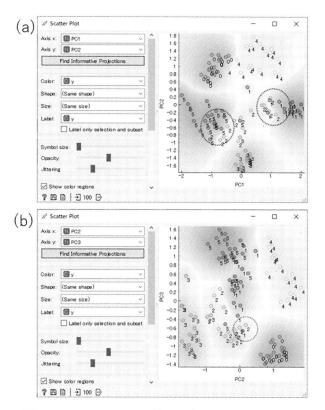

図 7.12　PCA による圧縮した次元での Scatter Plot

図 7.12 では y の値 1，2，5 が混じって表示されることが分かる．PC2 と PC3 軸ではどう見えるだろうか．

4. 一方，図 7.11[Scatter Plot(1)] で "Axis x" として "PC2"，"Axis y" として "PC3" を選ぶと（図 7.12(b)），

y の値 1 と 2 の分離は改善している．PCA の次元をもっと増やせば説明変数空間で分離できるのかもしれない，という仮説が立てられる．

　　PCA の軸ごとに見るのは面倒なので，PCA の3軸を同時に見たい．[Linear Projection] でこれが可能である．

5. 図 7.11[Linear Projection] をダブルクリックして図 7.13 ウィンドウを開く．図 7.13 ① で "PC1"，"PC2"，"PC3" が選ばれていることを確認する．それらが選ばれているかどうかは図 7.13 ② の "黒線" が "PC3" の下にあることで分かる（[Linear Projection] の変数選択に関しては図 6.7 とその説明も参照）．

図 7.13 右パネルでは y の値 1 と 5 の分離が改善されているように見える．

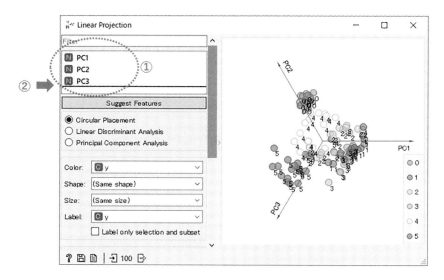

図 7.13　PCA 後の Linear Projection

6. 念のため図 7.11 [FreeViz] でも見ておく．図 7.11 [FreeViz] を開いた図 7.14 の Initialization で "Circular" もしくは "Random" を選び "Start" ボタンを押す（図 7.14 は "Circular" の場合の表示である）．

懸念されていた $y = 1, 2, 5$ の分離は図 7.14 では実は良いかもしれないことが分かる．

　　次節では PCA による次元圧縮の後に分類モデルの学習を行う．なお，2.2.6 節で説明した通り，PCA 後の変数の値の範囲は定義により高次元軸ほど小さ

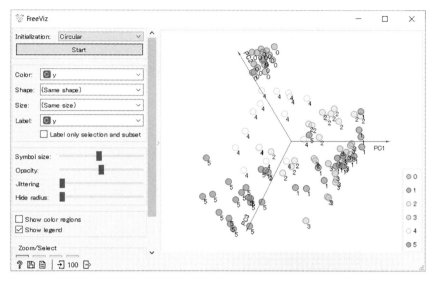

図 **7.14** PCA 後の Linear Projection

くなる．これは各自確認してほしい[183]．このため，本書では PCA 出力に対してモデル学習を行う場合はデータ規格化を行う．

183) 例えば，[PCA] 出力次元を 20 などとして，PC1 から PC20 の値の範囲を確認する．

▌7.3.2 PCA による次元圧縮とロジクスティック回帰による分類モデルの学習

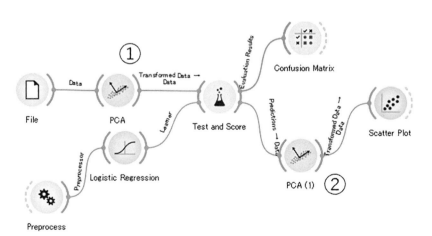

図 **7.15** PCA による次元圧縮後にロジスティック回帰による分類を行うワークフロー：`workflow/Ch7_5_PCA_logistic.ows`

　前節で PCA による 3 次元圧縮後の可視化で良い分離が得られているようなので，PCA を使って説明変数の数を減らしてから，ロジスティック回帰で分類モデルを学習する．その為のワークフローを図 7.15 に示す．まず，以下のことを行ってみる．

1. 図 7.15 ① [PCA] で 3 成分のみを抽出する．
2. 図 7.15[Preprocess] は Z-score Normalization の設定を行う．
3. 図 7.15[Logistic Regression] は "Regularizaiton type" で "Lasso(L1)" を，"C" で "60" を用いる．
4. 図 7.15[Test and Score] は 10 回交差検定を選ぶ．

図 **7.16**　[Test and Score]

　[Test and Score] の分類指標値を図 7.16，[Confusion Matrix] を図 7.17 に示す．図 7.15 ② で 2 次元を選択して，[Scatter Plot] を見ると，図 7.10 とほとんど変わらないが，このロジスティック回帰は誤分類が 10 点であり，分類性能は期待したほどは良くないどころか 64 説明変数を用いて分類モデルを学

習した場合より悪化している.

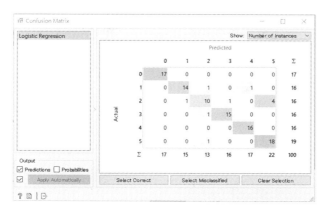

図 **7.17** PCA 後のロジスティック回帰による分類混同行列

7.4 多様体学習による次元削減と分類モデルの学習

7.4.1 多様体学習による次元削減と探索的データ解析

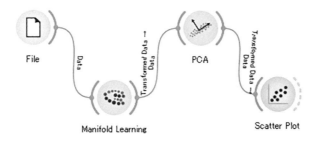

図 **7.18** 多様体学習ワークフロー：`workflow/Ch7_6_ML_vis.ows`

同じデータに多様体学習 (Manifold Learning) を使った次元圧縮を実行する. 多様体学習で次元圧縮した結果を可視化するワークフローを図 7.18 に示す. このワークフローでは以下の設定を行う.

1. 図 7.18 の [Manifold Learning] を開き（図 7.19）
2. 図 7.19 ① Method を "t-SNE" とし, 図 7.19 ② 出力成分数 ("Compo-

184) 距離の選び方により
結果は変わる.

nents") を "3" に設定する．データ間の距離の定義 (Metric) を ③ で選択できる．ここでは "Euclidean" を用いる[184]．

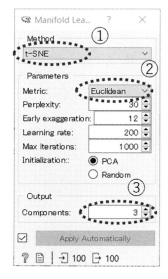

図 **7.19**　多様体学習設定

3. 図 7.18 の [PCA] では "Components" を "2" とする．

　この結果を図 7.18 の [Scatter Plot] で可視化する（図 7.20 参照）．

4. 図 7.20 の "Axis x" と "Axis y" をそれぞれ "PC1"，"PC2" に設定し，Color を "y"，"Show color regions" にチェックを付けて目的変数で領域色分け表示する．

図 7.20 では，5 が一つ，3 の近くに表示されて完璧とは言えないが，おおむね数字ごとにまとまって表示される[185]．また，各自 t-SNE の "Output" の "Components" を増やして可視化図上の分離具合を比較して欲しい．

　以上のように，多様体学習による次元圧縮を用いると二次元でも各手書き文字を十分に**分離表示**できることが分かった[186]．説明変数空間でこれだけ分離していれば，この次元でも高評価な分類モデルが学習できることが期待される．

185) なお，乱数の影響を
受けるので，見え方は変
わるかもしれない.

186) PCA で二次元に次
元圧縮した場合の分類問
題を問題 6A に置く．参
照してほしい.

7.4.2 多様体学習による次元圧縮とロジクスティック回帰による分類モデルの学習

次に，多様体学習による次元圧縮後に分類モデル学習を行う．ロジクスティック回帰による分類ワークフローを図 7.21 に示す．

図 7.21[Manifold Learning] の "Method" で "t-SNE"，"Metic" で "Euclidean"，"Output" で "Components" として 3 を選んでみる．

1. 図 7.21[Preprocess] では Z-score Normalization に設定を行う．

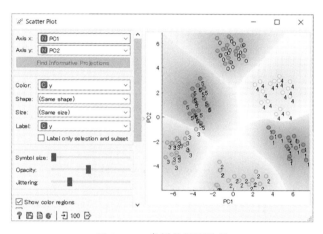

図 **7.20** 多様体学習結果

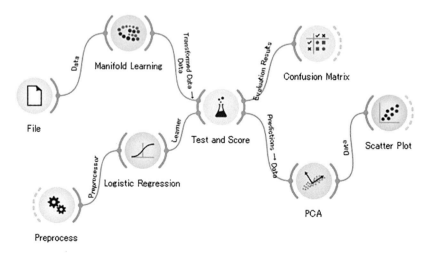

図 **7.21** 多様体学習後の分類：`workflow/Ch7_7_ML_CV.ows`

図 **7.22**　ロジスティック回帰設定

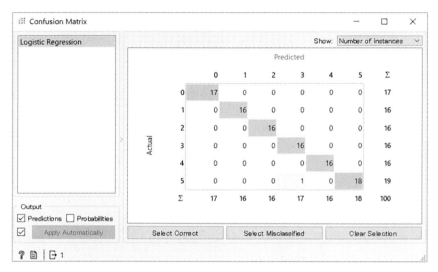

図 **7.23**　分類結果 (Confusion Matrix)

2. 図 7.21[Logistic Regression] は "Regularizaiton type" で "Lasso(L1)",
   "C" で "3" 用いる（図 7.22）.
3. t-SNE は未知データには適用できないが, 未知データへの予測性能を評
   価するために図 7.21[Test and Score] では 10 回交差検定の設定をする.

分類結果 [Confusion Matrix] を 図 7.23 に示す. 一つ誤って分類されている
以外は, 正しく分類することができた.
　誤分類しているデータインスタンスは混同行列の出力を [Data Table] に繋
いでみる方法を図 5.8 で紹介したが, 図 7.21 ワークフローの [Scatter Plot]

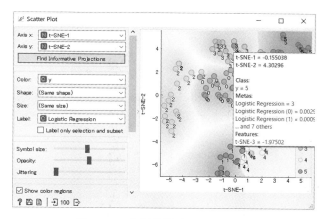

図 7.24　分類結果 (Scatter Plot)

でも確認できる.

4. Scatter Plot ウィンドウで（データ点が無い部分をクリックして）デー
　タ点を選択していない状態にしてから，マウスカーソルを合わせしばら
　く待つと，詳細情報が表示される（図 7.24）.

図 7.24 で示したデータ点は，目的変数は y=5 であるが，ロジスティック回帰
モデルの予測値は 3 であることを示している.

　生データの 64 次元を用いる場合や PCA で 3 次元に次元圧縮する場合に比
べ，t-SNE で 3 次元に次元圧縮を行うと分類性能が大幅に向上した. 以上の
解析は不完全ではあるが，次元圧縮で分類モデルの評価値が向上することは
多々見られる. 類似解析でも参考になると思う.

7.5　演習問題 6

問題 6A

　図 7.15 のワークフローを用いて，PCA の選択次元を変えて混同行列の変
化を調べよ. [Logistic Regression] の "Reguralization type" で "Lasso(L1)",
"Strength" で "C" は "25" とせよ.

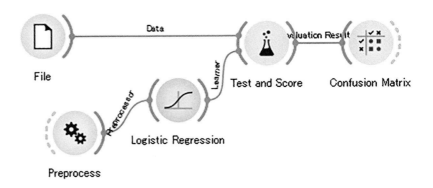

図 **7.25** 問題 6B ワークフロー

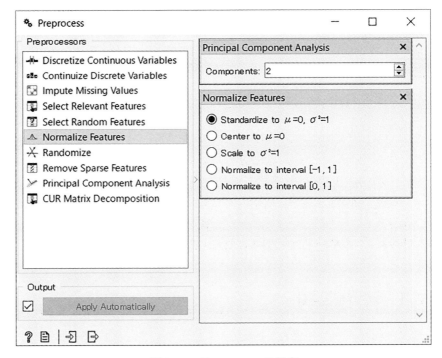

図 **7.26** Preprocess の設定

問題 6B

PCA などは [Preprocess] 内でも行うことができる．図 7.25 のワークフローを作成し，[Preprocess] で

1. Principal Component Analysis
2. Normalize Features

の順にドラッグ&ドロップを行い図 7.26 右パネルの設定を実行せよ.

　本章と同じデータファイルを読み込み, PCA と Normalize Features の設定を図 7.15 のワークフローと同じにし, 分類性能と混同行列が図 7.15 と同じになることを確認せよ.

問題 6C

　学習した分類モデルを用いて新規データに対して予測を行う. まず, 図 7.27 のワークフローを作成する[187]. これは図 7.27 ① [File] から読み込まれる観測データで分類モデルを学習し予測性能を [Test and Score] で評価する. また, 図 7.27 ② [File (1)] から読み込まれる新規データに対し学習済み分類モデルを用いて [Predictions] で予測する. 新規データには目的変数値があるので同時に分類性能を評価する.

1. 図 7.27 ① [File] で観測データ data_generated/digits100.csv を読み込み,

2. 図 7.27 ② [File(1)] で新規データ data_generated/digits100+.csv [188] を読み込み,

187) なるべく用いないとした図 3.45 と同じ形式のワークフローである.

188) data_generated/digits800.csv と data_generated/digits800+.csv は後で用いる.

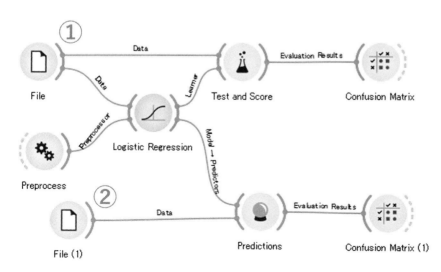

図 **7.27**　問題 6C ワークフロー

3. 図 7.27[Preprocess] は図 7.26 と同じく，Principal Component Analysis と Normalize features を選び，Principal Component Analysis では "Components"で 10 を，Normalize features では Z-score Normalization に設定する.

4. 図 7.27[Logistic Regression] で "Regularizaiton type"で "Lasso(L1)"を選び，"Strength" "C"の値を 0.1，5，120 と変え，それぞれ Logistic Regression 分類モデルを学習する.

5. 図 7.27[Test and Score] で 10 回交差検定で予測性能を評価せよ[189]．

6. 図 7.27[Predictions] で新規データに対する分類性能を評価せよ.

以上の手続きは i) 分類モデルを学習する観測データ data_generated/digits100.csvと学習済み分類モデルを適用する新規データ data_generated/digits100+.csv の組に対して行ったことになる. 同じ操作を

ii). 分類モデルを学習する観測データ data_generated/digits100.csvと学習済み分類モデルを適用する新規データ data_generated/digits800+.csv の組に対しても実行せよ.

iii). 分類モデルを学習する観測データ data_generated/digits800.csvと学習済み分類モデルを適用する新規データ data_generated/digits800+.csv の組に対しても実行せよ.

---

[189] 複雑になるが，[File] と [Logistic Regression] が Data で繋がっているのは，[File] - [Logistic Regression] 部分で生成された分類モデルを [Predictions] で適用するためである. その意味で [Logistic Regression] – [Predictions] は Model – Predictors と繋がっている.

7.6 回答

問題 6A の回答

2–15 次元までの PCA 出力次元で学習した分類モデルの予測性能を表 7.2 に記す．全部で 100 データインスタンスなので，正答率，CA が 0.990 というのは 1 件だけ誤分類があるということである．生データの 64 次元を用いた場合の CA が 0.970（三件誤分類）なので生データの全ての次元を用いないほうが良い分類モデルの学習ができそうである．また CA によると，PCA 7 次元で t-SNE3 次元の次元圧縮後に分類モデルを学習した場合と同等の性能である．各自異なる C でも実行してみてほしい．

表 **7.2** 問題 6A 回答の分類性能

PCA 次元	AUC	CA	F1	Precision	Recall
2	0.954	0.84	0.823	0.829	0.840
3	0.970	0.890	0.885	0.887	0.890
7	0.990	0.990	0.990	0.991	0.990
15	0.990	0.970	0.970	0.973	0.970

問題 6B の回答

ワークフローファイルを workflow/Q6_B_preprocess_PCA.ows に置く．

[Test and Score] で "Sampling" の際に，"Cross Validation" は乱数の影響をけるので，例えば，"Test on Train data" を指定してみよう．

1. 図 7.26 の "Principal Component Analysis" で "Components" を "2" とするのと，図 7.15 の "Options" で "Normalize variables" を選択せずに，"Components" を "2" とするのが同じ操作になる．
2. [Logistic Regression] で "Regularization type" を "Lasso(L1)"，"Strength" を "C" "25" とした場合の [Test and Score] と [Confusion Matrix] の値は各自確認されたい．

問題 6C の回答

ワークフローを workflow/Q6_C_CV_prediction.ows に置く．

i). 観測データ `data_generated/digits100.csv` と 新規データ `data_generated/digits100+.csv` に対して，

ii). 観測データ `data_generated/digits100.csv` と 新規データ `data_generated/digits800+.csv` に対して，

iii). 観測データ `data_generated/digits800.csv` と 新規データ `data_generated/digits800+.csv` に対して，

C=0.10, 5, 120 の [Test and Score] の予測性能と [Predictions] の分類性能を紙面の横幅の都合で CA と F1 のみまとめて表 7.3 に記す．

表 **7.3**　C を変えた Test and Score の分類性能 (a) と Prediction の分類性能 (b)

(a) Test and Score 分類性能

C	i). CA	i). F1	ii). CA	ii). F1	iii). CA	iii). F1
0.10	0.940	0.939	0.940	0.939	0.966	0.966
5	0.980	0.980	0.980	0.980	0.975	0.975
120	0.960	0.960	0.960	0.960	0.973	0.973

(b) Predictions 分類性能

C	i). CA	i). F1	ii). CA	ii). F1	iii). CA	iii). F1
0.10	0.890	0.887	0.728	0.712	0.919	0.918
5	0.970	0.970	0.813	0.804	0.922	0.921
120	0.950	0.950	0.809	0.796	0.912	0.911

i) と ii) は訓練データが同じだが新規データが異なる．表 7.3(a) において，i) と ii) は訓練データが同じなので予測性能値は同じである．表 7.3(b) において，i) と ii) は訓練データが同じなので同じ分類モデルを学習しているが，新規データが異なり ii) の分類性能は i) に比べて大幅に低い．予測性能値を評価しているつもりでも，新規データによっては分類性能が大幅に低下することを意味する．

ii) と iii) は訓練データが異なる．ii) は 100 データインスタンスで，iii) は 800 データインスタンスである．一方，新規データは同じである．表 7.3(a) において，ii) と iii) は予測性能値はほぼ同じである．iii) の方が少し悪いかもしれない．表 7.3(b) において，ii) と iii) は異なる観測データから学習した分類モデルを同じ新規データに適用しており，iii) の分類性能は ii) を大きく上回る．ii) に比べ iii) では 8 倍の観測データを用いて分類モデルを学習してい

る．このように，一般的に，未知データに適用するには，なるべく広い説明
変数空間を学習するために観測データ数はできる限り多くした方が良い．

8 応用：トモグラフ像の復元

　本章では，予測モデルの学習では無いが，機械学習手法 Lasso の応用としてトモグラフ像の復元を行う．トモグラフィ(tomography) は断層映像法などと翻訳され，直接観測困難な内部情報を，観測対象よりも低次元の断層情報を複数つなぎ合わせて復元する方法である．

　観測対象が物質として，物質をメッシュで区切り，様々な角度からメッシュ内の物質密度をトモグラフ像として測定したとする．一般には測定にはノイズがあるため観測物質のメッシュ数よりも多数の観測データを測定し，何らの手法でノイズの影響を減らして物質の密度に変換する．また，その場合に答えが初期条件に依存する場合も多い．一方，スパースモデリング手法を用いると逆に物質のメッシュ数よりも少数の観測データから，一意に物質の密度に変換することができる[190]．本章では二次元メッシュ上の値を，観測条件（回転角）を変えて撮影したトモグラフ像から，Lasso を用いて二次元メッシュ上の値を復元する手法を紹介する．

190) スパースモデリングが適用可能な条件下に限る．

8.1　トモグラフィの原理

　並行ビーム光学系によるトモグラフ像撮影をして復元の原理を簡潔に説明する．観測対象を二次元のメッシュに分割し，各メッシュ上に例えば密度などの物理量 $\vec{w}$ を想定する．平行光学系で観測した場合に，光線上の各観測値 y_i は 光線上のメッシュ値 $\vec{w}$ の線形結合で記述できる（図 8.1 参照）．

　例えば，図 8.1 左図の $\vec{w}$ の配置では

$$y_1 = 0$$
$$y_2 = w_1 + w_2 + w_3 + w_4 + w_5$$
$$y_3 = w_6 + w_7 + w_8 + w_9 + w_{10}$$

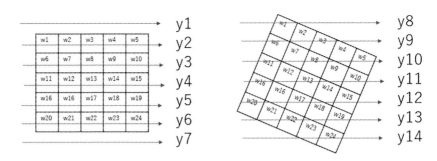

図 8.1　トモグラフ像撮影の概念図

$$\vdots$$

と書ける．図 8.1 右図の場合はやや複雑だが同様に w_i の和で書け，物理量 $\vec{w}$ と全ての観測値 $\vec{y}$ の間には，

$$\vec{y} = X\vec{w} \tag{8.1}$$

の関係がある[191]．この $\vec{y}$ を計算する過程がトモグラフ像撮影である．なお，変換行列 X は物質のメッシュと物質の回転角により決定され，物質メッシュ上の値 w_i に依存しないため，最初に一度計算しておけば，異なる物質にも用いることができる．

　ここで，ベクトル $\vec{y}$，$\vec{w}$，行列 X の次元を確認する．

- 物理量 $\vec{w}$ の次元は，観測対象のメッシュ分割数である．形状を正方形，その各辺を n 分割すると，$n^2(= P)$ である．図 8.1 の場合は $5 \times 5 = 25$ である．
- 観測値 $\vec{y}$ は，一つの角度で観測で m 個の情報が得られる．上図の場合は $m = 7$ である．それを，0 度，30 度，60 度など，a 個の角度で測ると，合計 $ma(= N)$ 個のデータインスタンスが生成される．
- 変換行列 X は，物理量と観測値との線形関係を表現する $N \times P$ 成分の行列である．

　w を復元する問題は，未知数 P 個で方程式の数 N 個の連立方程式 (8.1) から係数 w を求める問題である．この解き方は，

1. 未知数と方程式の数が一致する $(P = N)$ 場合には，連立一次方程式を解く，つまり $X^{-1}y$ で係数 $\vec{w}$ が求められる．
2. しかし，$\vec{y}$ には比較的大きな観測ノイズが含まれることが多く，X^{-1} が

191) ノイズの存在や，L1 罰則項を含めた評価関数の最適化を行うので切片項は 0 でないかもしれない．

求まらないこともある．ノイズの影響を抑えるために P より多くの数 (N) の観測データを取得し，例えば最小二乗法で係数 $\vec{w}$ を決定する．しかし，解の候補が多数出てしまうことが多い[192]．このため $\vec{w}$ がなめらかに変化するという付加条件（エントロピー最大条件）を置き問題を解くことが多い．

192) 問題 1D 参照.

3. もし，$\vec{w}$ の解がスパースである（0 が多い）ことがあらかじめわかっている場合には，Lasso を利用して未知数よりも方程式が少なくても $(P > N)$ 一意に $\vec{w}$ を求めることができる[193]．

193) 問題 1F 参照.

表 8.1 文字，元画像，観測データ

文字	元画像 $(\vec{w})$	回転行列とトモグラフ像 $(X, \vec{y})$
舞	w_dance64_Orange.csv	Xy-4_dance64_Orange.csv

　本章で体験するのは手法 3. である．トモグラフ像撮影の対象としては，物質の密度の代わりに，例が豊富かつ容易に得ることができる（白黒）フォントのピクセル値を用いる．使用する画像 $(\vec{w})$ と回転行列とトモグラフ像 $(X, \vec{y})$ は表 8.1 にまとめた．

　これから以下の具体的な過程を行う．

1. 元画像の確認をする．
2. 複数の回転角に対して変換行列 X を求め，$\vec{y} = X\vec{w}$ に従ってトモグラフ像 $\vec{y}$ を計算（撮影）し，更に $\vec{y}$ にノイズを追加し，観測データとする．本問題ではこの観測データ取得は事前に行われており，説明変数の数よりも方程式の数が少ない $(N = P/4)$ 観測データが用意されている．
3. $\vec{w}$ はスパースであることを既に知っているとしており，変換行列 X とトモグラフ像 $\vec{y}$ から，Lasso を用いて係数 $\vec{w}$ を求める．
4. 最後に $\vec{w}$ を二次元データに変換し，画像として表示する．

8.2　元画像可視化

メッシュ上の値で定義される元画像を確認するワークフローを図 8.2 に示す．

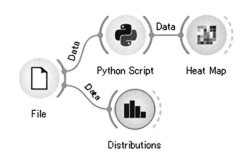

図 **8.2** 元データを確認するワークフロー：`workflow/Ch8_1_Image.ows`

図 **8.3** Python スクリプト実行．

1. 図 8.2 [File] でデータファイル `data/w_dance64_Orange.csv` を読み込む．その中身は 4096 個の数値から成る一次元データである．

2. 手書き文字認識の画像を確認した時と同じように，図 8.2[Python Script] を開いた図 8.3 で (`python/Ch8_1dto2d.py`) を "Run"ボタンを押し実行させると 4096 個の一次元データが 64x64 の二次元データに変換される．

3. [Heat Map] では元画像である "舞"[194] が表示される（図 8.4）．

次に図 8.2 [Distributions] を開き（図 8.5），$\vec{w}$ の値の出現頻度を確認する．

[194] 元画像は「筆文字フリー素材集」`http://fudemoji-free.com/` から取得した．

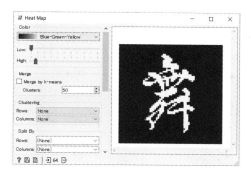

図 **8.4**　元画像

ゼロ要素が非常に多いので，Lasso を利用することによって未知数よりも方
程式数が少ないトモグラフ像観測データから元データを一意に得られること
が期待される．

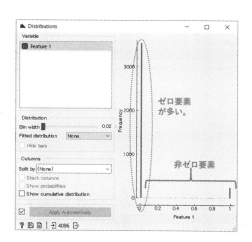

図 **8.5**　データ出現頻度

8.3　Lassoによるトモグラフ像の復元

$\vec{y}$ と X が与えられた場合に元画像である $\vec{w}$ を計算するために，

$$L = ||\vec{y} - X\vec{w}||_2^2 + \alpha||w||_1$$

を最小化することで元画像 $\vec{w}$ を得る．これは式 (2.4) の $n=1$ の場合，つまり Lasso と等価である．Lasso によりモデル学習を行い回帰係数を得るためのワークフローを図 8.6 に示す．

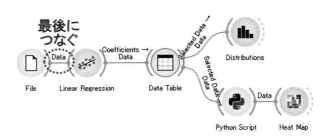

図 8.6 画像復元ワークフロー：`workflow/Ch8_2_reconstruction.ows`

今までの例は瞬時に計算終了するので実感することはなかったが，本例は計算に比較的長い時間を要するので，リアルタイムに計算結果が反映されない．そこで，計算を実行するタイミングを解析者(あなた)が明示的に指定するために，

1a. 図 8.6[File] から図 8.6[Linear Regression] へのリンクを一度削除しておき，全ての設定が終わった後に再び接続すると，実行のタイミングを解析者が指定することができる．

1b. もしくは，図 8.7 に示すように，[Linear Regression] ウィンドウ下部の Apply Automatically の左のチェックを外すと，ボタンの文字列が Apply に変わる．この状態では Apply ボタンを押さない限り再計算は行われないので，その操作を厭わなければ扱いやすいかも知れない．

以下の説明では 1a. を用いる．図 8.6 [Linear Regression] での Lasso のハイパーパラメータ Alpha は あらかじめ調整した 0.0007 に設定する（図 8.7 参照）．

2. 図 8.6 [File] の入力データは，$N=1024$，説明変数 $P=4096$ を持つ `data/Xy-4_dance64_Orange.csv` を読み込ませる．

繰り返しになるが，Lasso により求める線形回帰モデルの係数 $\vec{w}$ が，各メッシュ上の値である．

図 **8.7** 回帰設定

4. 図 8.6 で接続せずに残しておいた [File] から [Linear Regression] へのリンクを接続すると計算が始まる.

しばらくして計算終了するが, その時点で [Data Table] からの出力は点線であり, データが出力ポートに出ていない (図 8.6 の一部の図 8.8 ①). これは出力が Selected Data であるが, [Data Table] でデータを選択していない

図 **8.8** 回帰モデル学習終了時

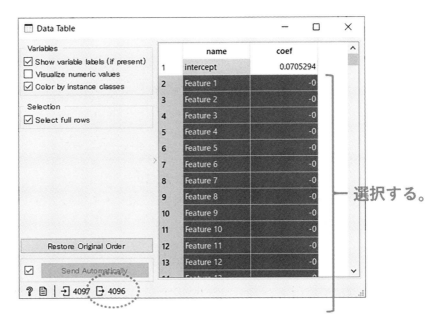

図 **8.9** Intercept 以外のデータ選択

からである．

　そこで図 8.8 ② [Data Table] を開き，データをマウスで選択する．

5. Intercept（回帰係数の切片）を除く係数データ $\vec{w}$ が，画像各メッシュの値である．これら 4096 個のデータを選択する[195]．

6. 選択したデータ (Selected Data) は一次元なので，再び Python Script を利用して二次元画像データに変換する．用いる Python Script は図 8.3 と同じ `python/Ch8_1dto2d.py` である．8.2 節を参考にして実行して欲しい．

7. 図 8.6 ワークフローに戻り [Heat Map] を開くと復元された画像が表示される．図 8.10 は "Low"，"High"スライダを操作して Colormap 表示の下限，上限のしきい値を調整している．

方程式の数が観測データインスタンス数の 1/4 だが，画像 "舞" が得られた．

　本章で扱った例題は，一見するとトモグラフィという特殊な場合のみに使用可能な問題であると感じられないかもしれない．しかし，この問題の本質は $\vec{y} = X\vec{w}$ で表現されるデータ間の線形関係と，$\vec{w}$ のスパース性である．例

[195] エクセルなどと同じ動作で非選択ができる．コントロールキーを押しながら a を入力すると全データが選択されるのに続けて，コントロールキーを押したままマウスで Intercept を選ぶとこれだけが非選択状態になり，全ての係数 $\vec{w}$ だけが選択された状態になる．

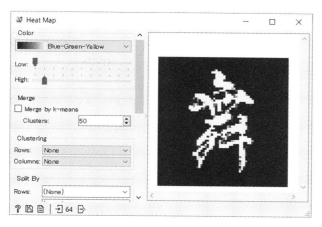

図 **8.10**　Lasso により復元された画像

えば，フーリエ変換もこの関係式で表現でき，実空間の観測データから特徴的な波数周期性を見出したり，時間変化するデータから特徴的な振動数を抽出するなどが行われており，変換先のデータ空間ではスパースな場合があることはご存知の通りである．同様の定式化は，例えば，X 線散乱観測データの位相回復問題に適用され，スキルミオンの位置を得るためにも用いられている[196]．また，ブラックホールの「撮影」も基本的には Lasso により行われた事を記す．これらの文献を巻末に記した．

<aside>196) Lasso そのものの定式化では無い．</aside>

8.4　演習問題 7

問題 7A

図 8.6 を用いて，同じ観測データ data/Xy-4_dance64_Orange.csv を用いて Alpha=0.0007 でリッジ回帰を行い，復元した画像を得よ．

問題 7B

"舞" 以外にも data/ ディレクトリにフォントをトモグラフ像に変換した観測データが用意されている．それぞれを表 8.3[197] に記す．これらはデータインスタンス数 $N=1024$，説明変数数 $P=4096$ を持つ．変換行列とトモグラフ像から Lasso とリッジ回帰で元画像の復元を試みよ．

<aside>197) 漢字フォントは「筆文字フリー素材集」http://fudemoji-free.com/．英語フォントは https://commons.wikimedia.org/wiki/File:Old_English_typeface.svg から取得している．</aside>

表 **8.3** 文字，元画像，観測データ

文字	元画像 ($\vec{w}$)	回転行列とトモグラフ像 (X, $\vec{y}$)
L	w_L_Orange.csv	Xy-4_L64_Orange.csv
翔	w_syou64_Orange.cs	Xy-4_syou64_Orange.csv
禅	w_zen64_Orange.csv	Xy-4_zen64_Orange.csv

8.5 回答

問題 **7A** の回答

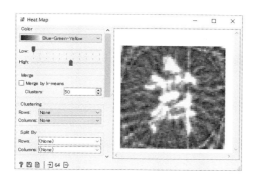

図 8.11 リッジ回帰で復元した文字 '舞'

図 8.6[Linear Regressio] で "Ridge regression(L2)" を選択し，"Regularization strength" で "Alpha" "0.0007" を選択した場合の図 8.6[Heat Map] を図 8.11 に示す．図 8.10 の Lasso の復元画像に比べるとぼやけた，そして余分な模様が表示される像が得られる．図 8.11 で "Color" の "Low" と "High" を調整すると，もう少しうまく表示できるかもしれない．

問題 7B の回答

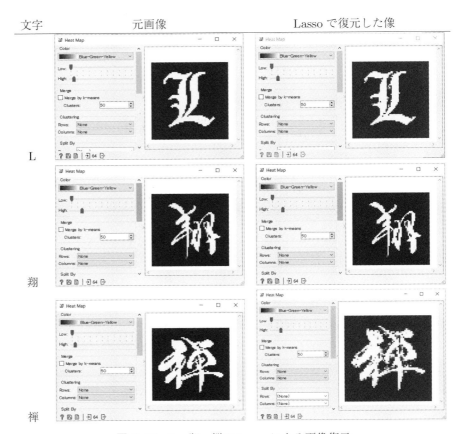

図 8.12 L，翔，禅の Lasso による画像復元

　それぞれの文字の元画像と，復元した像として Alpha=0.0007 で Lasso を用いてそれぞれの文字の `data/Xy-4_*.csv` から元画像を復元した像を図 8.12 に示す．

A 付録

A.1 Orange が公式に提供する資料

Orange 起動画面 （図 3.2）の下部にも幾つかの説明のためのリンクが存在する．

ワークフロー例

図 3.2 の下部の [Examples] アイコンや Orange のウィンドウ上部メニュー Help （図 3.4）の `Example Workflows` を開くと簡単なワークフローの例が参照できる．

動画チュートリアル

図 3.2 の [Video Tutorial] や Orange のウィンドウ上部メニュー `Video Tutorials` は YouTube のチュートリアル動画へのリンクとなっており英語であるが初歩的な説明を行っている．

他の部品

Orange の公式サイトから豊富な情報が提供されている．図 3.2 の Documentation アイコンのリンク先である `Widget catalog` では部品の情報を参照でき非常に有用なページである．

さらに Orange 上部メニュー `Options` から `Add-ons...` を選択すると追加アドオンを選択することも可能である[198]．Spectroscopy, Text Mining, Bioinformatics, Image Analytics, Networks, Geo（地図）, Educational, Time Series, Associate などのカテゴリに分類された多くの部品が用意されている．

[198] proxy の設定は Options メニュー － Setting により開いた References ウィンドウから Network タブで可能である．

A.2　Orange 用 CSV フォーマットへの変換

Orange CSV フォーマットへの変換

図 **A.1**　CSV フォーマット変換ワークフロー.`workflow/B_1_File_format.ows`

　　ここでは一般的な CSV ファイルを読み込んで Orange フォーマットに変換する方法を説明する.変換用のワークフローを図 A.1 に示す.

　　図 A.1 Orange の [File] は,Orange 用でない一般的な CSV ファイルも読み込むことができる.しかし,一般的な CSV ファイルのデータには目的変数や説明変数などの区別が含まれていない.Orange はファイル読み込み時に CSV ファイル各列の変数の判別をある程度は自動的に行うが,目的変数と説明変数は自動的に判定を行えないことが多い[199].そこで一般的な CVS ファイルを読み込む時には各列のデータの型と種類をユーザーが指定・確認する必要がある.

　　例として,図 A.2 では Orange 用では無い CSV ファイル,`data/original_csv/x15_sin.csv` を選択した場合を示す.このデータの y を目的変数,その他を説明変数と Orange に認識させる手順を説明する.図 A.2 で Role の feature をダブルクリックすると,図 A.3 に示すように選択肢が表示される.ここから各列の以下の役割を選択する.

- feature：説明変数
- target：目的変数
- meta：メタデータ（回帰等には利用せず,表示に利用することが可能な列）
- skip：利用しない（File 部品の出力ポートに出力しない）.

数値は全て feature に自動設定されていることが多いだろう.今回は y を目的変数に指定するので,図 A.3 ③ で target を選ぶ.

　　図 A.4 の Type では,変数の型を指定する.`numeric` は数値データであ

199) 一度設定するとその設定は [File] 部品に保存される.

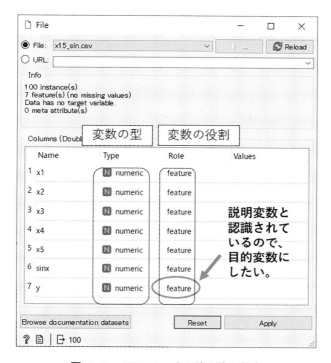

図 **A.2** CSV ファイル読み込み設定

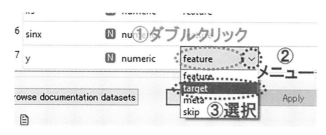

図 **A.3** y を目的変数に変更

り，分類問題の目的変数は `categorical` を指定する．例えば第 7 章で用い
た手書き文字認識の目的変数は，0，1，2，... の数値ではあるが分類の場
合は **categorical** と設定する．図 A.1 ワークフローに戻り，[Save Data] を
ダブルクリックすると 図 A.5 が開く．Save ボタンで各 OS のファイル選択
画面が開くのでファイルの種類として Comma-separeted values(*.csv) を選
び[200]，ファイル名を入力すると，`Type`，`Role` を含む CSV ファイルとして
保存される．

　同じ変換が [Edit Domain] でも行える．また，変数が categorical，numeric，

[200] Orange が読むだけ
であれば，他のフォーマッ
トを指定しても良い．

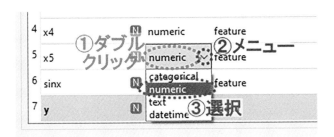

図 **A.4**　Type を変更する

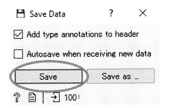

図 **A.5**　ファイルに保存

	A	B	C	D	E	F	G	H
1	x1	x2	x3	x4	x5	sinx	y	Type
2	continuous	continuous	continuous	continuous	continuous	continuous	continuous	
3							class	Role
4	0	0	0	0	0	0	0	
5	0.05	0.0025	0.000125	6.25E-06	3.13E-07	0.0499792	0.0499792	
6	0.1	0.01	0.001	0.0001	1.00E-05	0.0998334	0.0998334	
7	0.15	0.0225	0.003375	0.0005063	7.59E-05	0.1494381	0.1494381	
8	0.2	0.04	0.008	0.0016	0.00032	0.1986693	0.1986693	
9	0.25	0.0625	0.015625	0.0039063	0.0009766	0.247404	0.247404	
10	0.3	0.09	0.027	0.0081	0.00243	0.2955202	0.2955202	
11	0.35	0.1225	0.042875	0.0150063	0.0052522	0.3428978	0.3428978	
12	0.4	0.16	0.064	0.0256	0.01024	0.3894183	0.3894183	

図 **A.6**　変換済み CSV ファイル

text，datetime の指定はできないが，feature の指定は [Select Columns] を用いても行える．

OrangeCSV フォーマットの詳細

変換された CSV ファイルの中身を図 A.6 に示す．2 行目に Type，3 行目に Role の情報が追加されている．図 A.3，図 A.4 で指定したキーワードと異なり，numeric，categorical の代わりに，それぞれ continuous，class が

書き込まれている[201]．Orange 用 CSV ファイルはテキストファイルなので，これらの Orange 用の追加行をエクセルなどで直接生成しても良い．この行が追加された CSV ファイルでは Orange が各列の変数の型と役割を判断することができる[202]．

A.3　**Preprocess, Predictions, Test and Score** 部品の接続

[Preprocess] – 回帰・分類モデル – [Test and Score] の接続，[Preprocess] – 回帰・分類モデル – [Predictions] の接続には等価なつなぎ方がいくつかある[203]．例えば，一つだけ [Preprocess] の接続を覚える場合は [Preprocess] と回帰・分類モデル間を Preprocessor リンクで接続するのが安全であるが，Preprocess により規格化された変数データを見たい場合などで，別のつなぎ方をしたい場合もある．これらの等価なつなぎ方を，`workflow/C_1_preprocess_testandscore.ows` と `workflow/C_2_preprocess_predictions.ows` にまとめた．興味があれば各自参照されたい．

201) メタデータのキーワードについては data/ ディレクトリ下にある CSV ファイルを参照して欲しい．

202) 本書で用いた data/ 下の CSV ファイルはこのようにして data/ original_csv/ 下の CSV ファイルから Orange 用に変換を行っている．

203) 回帰・分類モデルの例は [Linear Regression] や [Logistic Regression] である．

参考文献

1章

Orange Data Mining の参考文献は以下である.

- Orange: Data Mining Toolbox in Python, J. Demsar, T. Curk, A. Erjavec, C. Gorup, T. Hocevar, M. Milutinovic, M. Mozina, M. Polajnar, M. Toplak, A. Staric, M. Stajdohar, L. Umek, L. Zagar, J. Zbontar, M. Zitnik, B. Zupan, Journal of Machine Learning Research, 14, 2349 (2013).

2章

機械学習手法を適用する前に理解しておく基礎的な事項に関して以下の本が平易に説明している.

- 分析者のためのデータ解釈学入門 データの本質をとらえる技術. 江崎貴裕. ソシム (2020/12/15). ISBN-10：4802612907

理論を最小限として実際に Python で機械学習手法ライブラリを使用して慣れろというコンセプトの本として以下がある. 2016 年に第 1 版が出て、2020 年にすでに第 3 版が出ている.

- [第 3 版」Python 機械学習プログラミング 達人データサイエンティストによる理論と実践. Sebastian Raschka, Vahid Mirjalili. インプレス (2020/10/22). ISBN-10：4295010073.

機械学習の理論を学ぶ人の教科書として下が有名である.

- パターン認識と機械学習 上. C.M. ビショップ. 丸善出版 (2012/4/5). ISBN-10：4621061224.

- パターン認識と機械学習 下．C.M. ビショップ．丸善出版 (2012/2/29). ISBN-10：4621061240.

下はガウス過程の本であるが有用であると思う．

- ガウス過程と機械学習（機械学習プロフェッショナルシリーズ）．持橋大地、大羽 成征．講談社 (2019/4/26). ISBN-10：4061529269

次元圧縮による物質候補予測には以下の論文がある．

- Matrix- and tensor-based recommender systems for the discovery of currently unknown inorganic compounds. Atsuto Seko, Hiroyuki Hayashi, Hisashi Kashima, Isao Tanaka. Physic Review Materials, 2, 013805 (2018); DOI: 10.1103/PhysRevMaterials.2.013805
- Unsupervised word embeddings capture latent knowledge from materials science literature. Vahe tshitoyan, et al. Nature, 571, 95 (2019); DOI: 10.1038/s41586-019-1335-8

4 章

議論についての参考文献には以下がある．

- Important Descriptors and Descriptor Groups of Curie Temperatures of Rare-earth Transition-metal Binary Alloys. Hieu Chi Dam, Viet Cuong Nguyen, Tien Lam Pham, Anh Tuan Nguyen, Kiyoyuki Terakura, Takashi Miyake, Hiori Kino. Journal of the Physical Society of Japan, 87, 113801 (2018); DOI: 10.7566/JPSJ.87.113801
- Quantum Theory of Rare-Earth Magnets. Takashi Miyake, and Hisazumi Akai. Journal of the Physical Society of Japan, 87, 041009 (2018); DOI: 10.7566/JPSJ.87.041009

5 章

pymatgen の参考資料は以下がある．

- `https://pymatgen.org/`, 参照論文に関しては文献数が多いので `https://pymatgen.org/references.html` を参考にして欲しい.

図 6.20 の可視化には Xrysden を用いた.

- `http://www.xcrysden.org/`. 参考文献に関しては同 url を参照して欲しい.

6 章

Behler の symmetry function は次の論文で発表されている.

- Generalized Neural-Network Representation of High-Dimensional Potential-Energy Surfaces Jörg Behler and Michele Parrinello. Physical Review Letters, 98, 146401 (2007); DOI: 10.1103/PhysRevLett.98.146401.

データ作成に用いた炭素結晶構造の元データは次の論文で発表されている.

- Global search for low-lying crystal structures using the artificial force induced reaction method: A case study on carbon. Makito Takagi, Tetsuya Taketsugu, Hiori Kino, Yoshitaka Tateyama, Kiyoyuki Terakura, and Satoshi Maeda. Physical Review B, 95, 184110, (2017); DOI: 10.1103/PhysRevB.95.184110

7 章

scikit-learn に収録されている手書き文字データセット, 文字認識へのリンクは以下である.

- scikit-learn の手書き文字データセットの説明と分類例. `https://scikit-learn.org/` から Examples, Dataset examples, The Digit Dataset を参照[204].
- 元データは MNIST の文字データセットである. `https://archive.ics.uci.edu/ml/datasets/Optical+Recognition+of+Handwritten+Digits`, M. D. Garris, J. L. Blue, G. T. Candela, D. L. Dimmick, J. Geist, P. J. Grother, S. A. Janet, and C. L. Wilson, NIST Form-Based Handprint

[204] 具体的なリンクは頻繁に変更されるので記載しない.

Recognition System, NISTIR 5469, 1994.

MNIST の文字データは 32×32 のビットイメージであるが，scikit-learn では 4×4 ピクセル毎にまとめて，8×8 の 0-16 の値を持つデータに変換している．7.1.1 節で用いた Python スクリプトは scikit-learn から取り出したデータを最大値 (16) で規格化している．

8 章

Python を使ったトモグラフィ像の復元について，cikit-learn のトモグラフィのコードを元に説明を行った．本章の問題は文字画像であったが、scikit-learn の例のよりスパースな問題ではトモグラフ像サイズを 1/10 に小さくしても元画像に復元できることが示されている．

- scikit-learn のトモグラフィのコード `https://scikit-learn.org/` から Examples，Dataset examples，The Digit Dataset を参照．

X 線散乱像のスパースモデリングを用いた解析に以下がある．

- Sparse Phase Retrieval Algorithm for Observing Isolated Magnetic Skyrmions by Coherent Soft X-ray Diffraction Imaging. Y. Yokoyama et al., Journal of the Physical Society of Japan, 88, 024009 (2019). DOI: 10.7566/JPSJ.88.024009

ブラックホール関係の参考文献には以下がある．

- Imaging black holes with sparse modeling. Mareki Honma, Kazunori Akiyama, Fumie Tazaki, Kazuki Kuramochi, Shiro Ikeda, Kazuhiro Hada and Makoto Uemura, Journal of Physics: Conference Series, 699, 012006 (2016). DOI: 10.1088/1742-6596/699/1/012006
- The Astrophysical Journal Letters, Volume 875, Number 1, 2019, `https://iopscience.iop.org/issue/2041-8205/875/1`

索　引

著 者 紹 介

木野 日織 （きの ひおり）

1991 年　東京大学理学部物理学科卒
1996 年　東京大学大学院理学系研究科博士課程卒（理学博士）
1996 年　東京大学物性研究所物性理論部門助手などを経て 2002 年から（国）物質・材料研究機構に勤務する．
2015 年からの国立研究開発法人科学技術振興機構（JST）イノベーションハブ構築支援事業の一環として（国）物質・材料研究機構に情報統合型物質・材料開発イニシアティブ (MI^{2}I) 発足時からデータマイニングを行う．データ駆動 AI では物性物理の知識を活かした説明・解釈可能な AI 技術，第一原理計算によるデータ生成，そのための知識駆動 AI 技術などに興味を持つ．

DAM Hieu-Chi （だむ ひょうち）

1998 年　東京大学理学部物理学科卒
2003 年　北陸先端科学技術大学院大学材料科学研究科物性科学専攻博士号
2005 年 10 月から北陸先端科学技術大学院大学知識科学研究科講師．2011 年 4 月から同テニュア付准教授．
2020 年 10 月から北陸先端科学技術大学院大学知識科学系教授．
学位は材料科学で取得．2005 年から材料科学とデータマイニングの融合に身を投じている．専門分野は材料科学，知識科学，計算材料科学，データサイエンス，マテリアルズインフォマティクス．データ駆動型アプローチを用いた知識抽出など，証拠理論を用いた類似度評価に興味があり，材料科学研究のための説明・解釈可能な AI 技術の開発に取り組む．

編集　伊藤雅英

オ レ ン ジ デ ー タ マ イ ニ ン グ

Orange Data Mining ではじめる
マテリアルズインフォマティクス

2021 年 5 月 31 日　　初版第 1 刷発行

著　者　　木野 日織・ダム ヒョウチ
発行者　　井芹 昌信
発行所　　株式会社近代科学社
　　　　　〒162-0843 東京都新宿区市谷田町 2-7-15
　　　　　https://www.kindaikagaku.co.jp/

・本書の複製権・翻訳権・譲渡権は株式会社近代科学社が保有します。
・ JCOPY ＜（社）出版者著作権管理機構 委託出版物＞
本書の無断複写は著作権法上での例外を除き禁じられています。複写される場合は，そのつど事前に
（社）出版者著作権管理機構(https://www.jcopy.or.jp, e-mail: info@jcopy.or.jp)の許諾を得てください。

© 2021 Hiori Kino・Hieu-Chi Dam
Printed in Japan
ISBN978-4-7649-0631-0
印刷・製本　　藤原印刷株式会社

あなたの研究成果、近代科学社で出版しませんか？

▶ 自分の研究を多くの人に知ってもらいたい！

▶ 講義資料を教科書にして使いたい！

▶ 原稿はあるけど相談できる出版社がない！

そんな要望をお抱えの方々のために
近代科学社 Digital が出版のお手伝いをします！

近代科学社 Digital とは？

ご応募いただいた企画について著者と出版社が協業し、プリントオンデマンド印刷と電子書籍のフォーマットを最大限活用することで出版を実現させていく、次世代の専門書出版スタイルです。

近代科学社 Digital の役割

- **執筆支援** 編集者による原稿内容のチェック、様々なアドバイス
- **制作製造** POD 書籍の印刷・製本、電子書籍データの制作
- **流通販売** ISBN 付番、書店への流通、電子書籍ストアへの配信
- **宣伝販促** 近代科学社ウェブサイトに掲載、読者からの問い合わせ一次窓口

近代科学社 Digital の既刊書籍 （下記以外の書籍情報は URL より御覧ください）

電気回路入門
著者：大豆生田 利章
印刷版基準価格(税抜)：3200円
電子版基準価格(税抜)：2560円
発行：2019/9/27

DX の基礎知識
著者：山本 修一郎
印刷版基準価格(税抜)：3200円
電子版基準価格(税抜)：2560円
発行：2020/10/23

理工系のための微分積分学
著者：神谷 淳 / 生野 壮一郎 /
　　　仲田 晋 / 宮崎 佳典
印刷版基準価格(税抜)：2300円
電子版基準価格(税抜)：1840円
発行：2020/6/25

詳細・お申込は近代科学社 Digital ウェブサイトへ！
URL: https://www.kindaikagaku.co.jp/kdd/index.htm

実践 マテリアルズインフォマティクス
－ Python による材料設計のための機械学習－

著者：船津 公人・柴山 翔二郎

B5 変型判・200 頁・定価 3,500 円 + 税

材料設計に新たな地平を！

　化学分野の材料開発はこれまで経験と勘に裏打ちされた実験的手法が中心的な役割を果たしてきたが、新物質の発見から実用化までに長い時間とコストを要している。そこで近年では蓄積された多くのデータ・情報を駆使して所望の構造・材料候補を導き出すデータ駆動型科学──マテリアルズインフォマティクスの活用が始まっている。

　本書ではマテリアルズインフォマティクスを実践するための機械学習法、実験計画法、記述子計算を詳述。プログラムに必要な Python と Google CoLab についても導入から解説している。これからデータ解析に取り組もうと考えている化学分野の方々にとって指南書となる一冊。

　なお、本文中のプログラムソースは、著者の Web サイト等でダウロードできる。

はっきりわかるデータサイエンスと機械学習

著者：横内 大介・大槻 健太郎・青木 義充

B5 変型判・236 頁・定価 3,200 円 + 税

めざすは AI の透明化！

AI の要である機械学習は、結果を導き出す過程がブラックボックス化する問題があり、AI 実用化の障害となっている。

その解決策として、丹念なデータ分析によりデータの背景にある現象を統計モデルで表現する、本来の意味での「データサイエンス」の活用が期待されている。

メカニズムが理解可能なモデルを AI の頭脳に使うことで、AI の透明化——すなわち説明可能な XAI も実現できる！

本書ではデータサイエンスの考えに基づく統計モデリングの解説に加え、機械学習の代表的な手法を R を用いて体験していく。

世界標準 MIT 教科書

高度な設計と解析手法・高度なデータ構造・グラフアルゴリズム

アルゴリズムイントロダクション

著者：T. コルメン　C. ライザーソン　R. リベスト　C. シュタイン
訳者：浅野 哲夫　岩野 和生　梅尾 博司　山下 雅史　和田 幸一

第 3 版 [総合版]

第 1 巻 + 第 2 巻
+ 精選トピックス
（第 1~35 章，付録）

B5 判・1120 頁
定価 14,000 円＋税

第 3 版 [第 1 巻]

基礎・ソート・
データ構造・数学

B5 判・424 頁
定価 4,000 円＋税

第 3 版 [第 2 巻]

高度な設計と解析手法・
高度なデータ構造・
グラフアルゴリズム

B5 判・400 頁
定価 4,000 円＋税

世界標準 MIT 教科書

Python 言語による
プログラミングイントロダクション 第2版
― データサイエンスとアプリケーション

著者：John V. Guttag
監訳：久保 幹雄
訳者：麻生 敏正　木村 泰紀　小林 和博　斉藤 佳鶴子　関口 良行
　　　鄭 金花　並木 誠　兵頭 哲朗　藤原 洋志

B5 判・416 頁・定価 4,600 円＋税

最新にして最強 !! MIT 人気講義の教科書、第2版！
大変好評を得ている，MIT のトップクラスの人気を誇る講義内容をまとめた
計算科学の教科書の第2版．今回の改訂では，後半の内容が大幅に増え，新た
に5章追加されている．特に「機械学習」を意識して，統計学の話題が豊富にな
っている．Python 言語を活用して，計算科学を学ぶ読者必携の書！
Python Ver3.5 に対応！